Barcodes &
2D Symbols

よくわかる
バーコード・
二次元シンボル

改訂2版

一般社団法人 日本自動認識システム協会 ［編］

Ohmsha

執 筆 者

柴田　彰　　自動認識コンサルタント
佐藤　光昭　（一社）日本自動認識システム協会
白石　裕雄　ホワイトストーンコンサルティング合同会社
藤本　直　　（株）デンソーエスアイ

編集協力

高田　義三　（一社）日本自動認識システム協会

本書を発行するにあたって，内容に誤りのないようできる限りの注意を払いましたが，本書の内容を適用した結果生じたこと，また，適用できなかった結果について，著者，出版社とも一切の責任を負いませんのでご了承ください．

本書は，「著作権法」によって，著作権等の権利が保護されている著作物です．本書の複製権・翻訳権・上映権・譲渡権・公衆送信権（送信可能化権を含む）は著作権者が保有しています．本書の全部または一部につき，無断で転載，複写複製，電子的装置への入力等をされると，著作権等の権利侵害となる場合があります．また，代行業者等の第三者によるスキャンやデジタル化は，たとえ個人や家庭内での利用であっても著作権法上認められておりませんので，ご注意ください．

本書の無断複写は，著作権法上の制限事項を除き，禁じられています．本書の複写複製を希望される場合は，そのつど事前に下記へ連絡して許諾を得てください．

出版者著作権管理機構
（電話 03-5244-5088，FAX 03-5244-5089，e-mail：info@jcopy.or.jp）

JCOPY ＜出版者著作権管理機構 委託出版物＞

まえがき

　2010年に出版した『よくわかるバーコード・二次元シンボル』(第1版)は，一般社団法人 日本自動認識システム協会(JAISA)が行う「自動認識技術者資格認定試験」で用いるテキストの一つとしても活用され，当初の出版目的を十分に達成することができたと思われる。一方，2011年以降における国内外のバーコード関連技術動向をみると，①関連規格の5年ごとの見直し，②新しいシンボル体系規格の追加，③性能評価仕様規格の変更などがあった。加えて，第1版ではバーコードプリンタに関連した消耗品(インクリボン，受容紙，ラベルなど)についての記載がなかったため，第1版の内容を全面的に見直し，本書を出版することにした。

　本書では，第1版の全体構成を見直し，全体を大きく二つに分けた。一つは「自動認識基本技術者」を目指す方々のコース，もう一つは「自動認識専門技術者」を目指す方々のコースである。第1～5章までは基本技術者向けのコース(基本編)であり，バーコードに関連する一般的な知識を平易に解説している。第6～11章までは専門技術者向けのコース(専門編)であり，基本編を理解していることを前提にして，さらに専門的な内容を解説している。

　本書では，第1版の「第1章 バーコードとは」，「第2章 一次元シンボル」および「第3章 二次元シンボル」の内容を充実させた。「第4章 バーコードプリンタ」(基本編)には，新たにバーコードプリンタで用いる消耗品(インクリボン，印字用紙(受容紙，ラベル)など)の概要を追加した。バーコードの印字および表示に関連する章を一つの群にまとめるために，第1版の「第7章 ダイレクトマーキング」，「第8章 電子ペーパ」および「第9章 モバイル二次元シンボル」の内容を重点項目だけを残して縮小し，第4章に編入した。第1版の「第6章 印刷品質・検証器」は，印字および表示群の後に移動した。バー

コードは，最終的にバーコードリーダで読むことから，これらの章に続けて，「第5章 バーコードリーダ」(基本編)を設けた。第1版の「第10章 応用事例」を内容精査し，一般的な事例に比較的新しい事例も加えて充実させた。

また，ISO/IEC規格およびJISで規定している定義内容について，技術的内容を変更せずに，可能な限り現状の自動認識技術に合わせる工夫を行い，表現を明確にした。

本書は，(一社)日本自動認識システム協会が行う「自動認識基本技術者資格認定試験」で用いるテキストの一つであるが，上級コースである「バーコード専門技術者資格認定試験」で必要とする内容も多く含んでおり，一次元シンボル体系および二次元シンボル体系に関連する技術的内容を網羅している。

これからも，市場ニーズに合わせて自動認識関連製品が多く生まれると思われるが，本書の内容を理解していただき，ユニークな製品の開発，営業力および営業サポート力の向上，保守サービス技術の向上などによって，自動認識市場がますます活性化することを期待する。

一般社団法人 日本自動認識システム協会
研究開発センター長
酒 井 康 夫

目　次

― 基　本　編 ―

第1章　バーコードとは

- 1－1　自動認識（AIDC）技術の概要 …………………………… 2
- 1－2　データキャリアの例 ……………………………………… 3
- 1－3　データキャリアの進化史 ………………………………… 4
- 1－4　バーコードとは …………………………………………… 6
- 1－5　一次元シンボル体系の概要 ……………………………… 7
- 1－6　一次元シンボル体系の進化史 …………………………… 10
- 1－7　二次元シンボル体系の概要 ……………………………… 12
- 1－8　二次元シンボル体系の進化史 …………………………… 14

第2章　一次元シンボル体系

- 2－1　一次元シンボル体系の基礎 ……………………………… 18
- 2－2　インタリーブド2オブ5 …………………………………… 19
- 2－3　コード39 …………………………………………………… 22
- 2－4　コーダバー（NW-7） ……………………………………… 24
- 2－5　コード128 ………………………………………………… 26
- 2－6　EAN/UPC …………………………………………………… 28
- 2－7　GS1データバー …………………………………………… 33
- 2－8　一次元シンボル体系の活用法 …………………………… 38

基 本 編

第3章 二次元シンボル体系

- 3–1 二次元シンボル体系の基礎 …………………………… 46
- 3–2 マルチローシンボル体系 ……………………………… 48
- 3–3 マトリックスシンボル体系 …………………………… 50
- 3–4 二次元シンボル体系の活用法 ………………………… 54

第4章 バーコードプリンタ

- 4–1 バーコードプリンタの基礎 …………………………… 58
- 4–2 バーコードプリンタの種類および特徴 ……………… 61
- 4–3 バーコードプリンタ用消耗品 ………………………… 62
- 4–4 バーコードソースマーキング ………………………… 63
- 4–5 バーコード印字品質試験仕様 ………………………… 64
- 4–6 バーコード印字品質検証器 …………………………… 65
- 4–7 バーコードプリンタ印字性能評価 …………………… 65
- 4–8 バーコードプリンタの活用法 ………………………… 66

第5章 バーコードリーダ

- 5–1 バーコードリーダの基礎 ……………………………… 70
- 5–2 バーコードリーダの種類および特徴 ………………… 74
- 5–3 バーコードリーダの共通読取原理 …………………… 76
- 5–4 インタフェース ………………………………………… 76
- 5–5 バーコードリーダの読取性能評価仕様 ……………… 77
- 5–6 バーコードリーダの活用法 …………………………… 77

専門編

第6章　一次元シンボル体系 II

- 6-1　符号化可能キャラクタ ……………………………… 82
- 6-2　シンボル幅の求め方 ………………………………… 93
- 6-3　シンボルチェックキャラクタ ……………………… 95
- 6-4　参照復号アルゴリズム ……………………………… 101
- 6-5　シンボル体系特有の特徴 …………………………… 106
- 6-6　一次元シンボル体系の信頼性と誤読 ……………… 108

第7章　二次元シンボル体系 II

- 7-1　データ圧縮と符号化 ………………………………… 112
- 7-2　誤り訂正および信頼性 ……………………………… 115
- 7-3　PDF417 およびマイクロ PDF417 …………………… 117
- 7-4　GS1 合成シンボル …………………………………… 123
- 7-5　データマトリックス ………………………………… 126
- 7-6　マキシコード ………………………………………… 133
- 7-7　QR コードおよびマイクロ QR コード ……………… 137
- 7-8　アズテックコード …………………………………… 142

第8章　バーコードプリンタ II

- 8-1　バーコードのデジタル画像化 ……………………… 148
- 8-2　発色方式の補足 ……………………………………… 149
- 8-3　バーコードプリンタの動作原理 …………………… 151
- 8-4　プリンタ印字性能評価仕様 ………………………… 164
- 8-5　ダイレクトマーキング ……………………………… 165

専門編

第9章 印字品質評価および検証器

- 9-1 一次元シンボル印字品質評価仕様 …… 174
- 9-2 二次元シンボル印字品質評価仕様 …… 186
- 9-3 ダイレクトマーキング品質評価仕様 …… 190
- 9-4 一次元シンボル用検証器適合仕様 …… 191
- 9-5 二次元シンボル用検証器適合仕様 …… 192

第10章 バーコードリーダⅡ

- 10-1 バーコードリーダの基礎 …… 196
- 10-2 バーコードリーダの分類 …… 214
- 10-3 インタフェース …… 218
- 10-4 機能設定 …… 220
- 10-5 性能評価仕様 …… 222

第11章 バーコード応用事例

- 11-1 流通分野のバーコード活用 …… 226
- 11-2 医療分野のバーコード活用 …… 229
- 11-3 電子部品分野のバーコード活用 …… 235
- 11-4 自動車分野のバーコード活用 …… 238

参考情報
- 参考1 引用および参考規格 …… 243
- 参考2 関連団体 …… 245
- 索引 …… 249

基本編

第1章

バーコードとは

- 1-1　自動認識（AIDC）技術の概要
- 1-2　データキャリアの例
- 1-3　データキャリアの進化史
- 1-4　バーコードとは
- 1-5　一次元シンボル体系の概要
- 1-6　一次元シンボル体系の進化史
- 1-7　二次元シンボル体系の概要
- 1-8　二次元シンボル体系の進化史

Summary

　業界を問わずに「社会における潤滑油」として揺るぎのないインフラを築いてきたバーコードは，自動認識技術の一種でありデータキャリアの一種でもある。
　ここでは，自動認識に関連する定義，自動認識技術の概要，自動認識技術の中核となるデータキャリア（一次元シンボル体系，二次元シンボル体系など）の概要と歴史について解説する。

基本編

1-1 自動認識(AIDC)技術の概要

　バーコード，すなわち一次元シンボル体系（*linear symbology*）および二次元シンボル体系（*two dimensional symbology*）は，自動認識技術の一種である。はじめに，自動認識技術の概要を簡単に記す。

　AIDC（*automatic identification and data capture techniques*）の日本語表記は，JISでは「自動認識及びデータ取得技術」と規定されている。この"自動認識"とは，「人が管理したい動物，植物，物，情報などに付加されたデータキャリア（*data carrier*：情報担体）のデータを，人が直接，識別するのではなく，データ処理システムを伴った読取機を介して識別すること」である。データキャリアには，一次元シンボル，二次元シンボル，RFID（*radio frequency identifier*：無線識別），OCR（*optical character recognition*：光学的文字認識），OMR（*optical mark recognition*：光学的マーク認識），磁気カード，接触式ICカード，非接触式ICカード，バイオメトリクス❶（*biometrics*：生体認証）などがある（表1-1）。

　AIDCに関連する国際標準化は，主にISO❷/IEC❸ JTC1❹ SC31❺で行われている。また，ICカードはJTC1/SC17が，バイオメトリクスはJTC1/SC37がそれぞれ国際標準化を担当している。

　AIDC技術を用いることは，固有（*unique*：唯一な）IDに紐付けされたデータベースが存在することが前提となる。

---

❶生まれながら人に備わっている生涯不変な固有情報（書込みができない）であり，他のデータキャリアが"書込み"および"読取り"ができることから例外的な性質をもつが，本書ではデータキャリアに含めている。
❷ *international organization for standardization*：国際標準化機構
❸ *international electrotechnical commission*：国際電気標準会議
❹ *joint technical commission 1*：合同技術会議1
❺ *sub commission 31*：自動認識およびデータ取得技術を扱う部門

第 1 章　バーコードとは

表 1-1　自動認識（AIDC）技術のまとめ

定　義	人が管理したい動物，植物，物，情報などに付加したデータを，人が直接，識別するのではなく，データ処理システムを伴った読取機を介して識別するための方法および技術
データキャリア	一次元シンボル，二次元シンボル，RFID，OCR，OMR，磁気カード（磁気ストライプカード），接触式／非接触式 IC カード，バイオメトリクスなど
利　用	AIDC 技術は，データベース内のデータと人，動植物，物，情報などとを紐付けする手段として活用するのが一般的

注　本書では，次のように表記する。
- 自動認識技術者として，知っていると便利な略語，用語などを，「略語（英語：日本語）」などの形で表記する。
- 名詞表現を除き，コード（*code*），シンボル（*symbol*）およびシンボル体系（*symbology*）を可能な限り区別する。

　　なお，コードは「英数字，記号などの集まりおよび規則」，シンボルは「バーコードを図的に表現したもの」，シンボル体系は「シンボルの形態であるが，規則を含んでいる標準仕様」である。
- 多少の違和感をもつ人もいると思うが，最新の JIS および ISO/IEC 規格に基づいた用語を用いる。

1-2　データキャリアの例

　一般の人が日常的に目にする一次元シンボルには，流通小売業で用いている JAN（*japan article number*：日本の品目コード）シンボルが最も多く，集合包装用段ボール箱の ITF（*interleaved two of five*）-14，宅配便伝票のコーダバー，医療用の GS1 データバー・GS1-128・GS1 合成シンボル（GS1 *composite*），公共料金代理収納用伝票の GS1-128 などがある。

　マルチロー形シンボル（*multirow symbol*）は，日本国内で見かけることはほとんどないが，アメリカでは，各種ライセンスカードなどで PDF417 が用いられている。

　マトリックス形シンボル（*matrix symbol*）は，貨物運送集合梱包用のマキシコード（*maxi code*），モバイル機器での URL（*uniform resource locator*）

基本編

読取用 QR コード（*quick response code*）などが知られている。産業界では，製品，部品などにダイレクトマーキング（*direct parts marking*：DPM）をしている航空機部品，自動車部品，電子回路基板，医療機器などでデータマトリックス（*data matrix*）や QR コードが用いられ，医薬品では GS1 合成シンボルが用いられている。また，欧米の交通チケット用としてアズテックコード（*aztec code*）などが用いられている。

OCR は，有価証券などでは OCR-A フォントが，パスポート，EAN シンボルの可読文字などでは OCR-B フォントが用いられている。

RFID は，製造業では古くから用いられてきたが，近年では，電池を内蔵しないパッシブタイプの低価格化が実現し，SCM（*supply chain management*）用途として期待されている。

図1-2 に，データキャリアの例を示す。

一次元シンボル

二次元シンボル

合成シンボル

RFID

バイオメトリクス

図1-2　データキャリアの例

1-3　データキャリアの進化史

情報化時代において，データキャリアはコンピュータの情報と人や物とを紐付けする手段であり，ますますその重要性が高まっている。コンピュータの情報とデータキャリアがもっている情報とを照合するためには，データキャリアがもっている情報をコンピュータに入力する必要がある。この手段として，最

も基本的な方法がキーボード入力である。しかし，キーボード入力は誤りが多く入力速度が遅いという欠点があったため，コンピュータへの自動入力を可能にする多くのデータキャリアが考案された。

キーボードに代わる自動入力手段として最初に考えられたのが，OMRである。OMRは，試験の答案用紙などで用いられている方式である。この原形は，孔をあけた穿孔カードを穿孔カードリーダで読む方式であったが，これを発展させ，穿孔の手間を省いたものがOMRである。OMRは，機械が読み取りやすいように人が歩み寄ったもので，人に優しい技術とはいえない。

これに対し，OCRは光学的に文字を読む方式であり，人が読めるという便利さを追求した考えによるもので，技術的難易度が高い。そのため，機械（OCRリーダ）に対する負担が大きく，一次元シンボルと比べると読取率が低いという欠点がある。一次元シンボルは，機械優先の考え方と人優先の考え方とを同時に実現したものであり，バランスのとれた技術といえる。

一次元シンボルの構成については，バーコードキャラクタで表された部分（縞模様部分）だけを頭に浮かべる人も多いと思う。基本的には，バーコードキャラクタの部分およびバーコードキャラクタの下（または周囲）に配置され，人が読める文字や記号（*human readable character*：可読文字，併記文字）も含めて考えるのが普通である。一次元シンボル体系が普及し始めた頃は，バーコードリーダの読取率が十分ではなく，不読の場合のリカバリ手段として英数字を併記したと思われる。また，新しい技術は，従来技術をカバーする，いわゆるアップワードコンパチブルを保証する必要があり，従来技術であるキーボード入力も可能な形で一次元シンボル体系が考案された。この考え方が市場から受け入れられ，飛躍的に普及した。人が簡単に読めるということは，言い換えればオープンな技術であり，誰でも利用できるという長所がある。

次に，人が携帯するのに便利な形を追求した，磁気カードが開発された。クレジットカードなどは，磁気カードが不読の場合のリカバリ手段やカードのインプリンタ（*imprinter*）によるコピーを目的に，数字および文字が凸状に飛び出たエンボス（*emboss*）加工がされている。エンボスを無くせば簡単に人が読めなくなるので，セキュリティを高めることができる。磁気カードは，ICカードも含めて人が所持するのに適した工夫がされており，物を識別するためだけの一次元シンボル体系とは基本的に使用目的が異なる。

一次元シンボル体系の欠点を補うために開発されたのが，二次元シンボル体

基本編

系およびRFIDである。二次元シンボル体系は，情報密度を飛躍的に増大させて，同じ表示面積なら10倍以上の情報量を，同じ情報量なら1/10以下の面積で表示することができるシンボルもある。二次元シンボル体系は，情報密度が大きくなった反面，人が読める文字を併記すると表示面積が大きくなる。この欠点をできるだけ解消するために誤り訂正機能を導入し，シンボルの一部が汚れたり破れたりしても読むことができるようにしている（ただし，誤り訂正能力には，限界がある）。

RFIDは，主要な構成部分が半導体であるため，二次元シンボル体系とは異なり，情報量の大小によって大きさがあまり変わらない。また，電磁誘導または電磁波を利用した通信方式なので，バーコードが光学的な読取方式（見通し範囲）なのに比べて，RFIDとリーダ／ライタとの間が見通せないところまで離すことができる。また，対象となるRFIDの個数がわかっている場合に限り，複数のRFIDを比較的短い時間（同時ではない）に，まとめて読むことができるという特徴がある。

バイオメトリクスを個人の識別に利用した歴史は古い。指先の表皮模様である指紋（*fingerprint*）を例にとると，「万人不同」，「終生不変」といった特徴をもっていると経験的に理解されていたため，古くから個人同定の手段として用いられてきた。世の中に同一の指紋をもつ人が存在する可能性は，870億分の1といわれている。例えば，中国や古代アッシリアでは，紀元前6000年頃から指紋を用いて個人認証を実施していた。また，我が国でも昔から拇印の習慣がある。

1-4　バーコードとは

バーコードシンボルの定義は，技術進歩に伴い少しずつ変わってきている。現在では，「光の反射率の高い明部分と，光の反射率が低い暗部分との組合せで情報を表示し，機械読取りを可能とした情報担体の一種である。一次元シンボル体系および二次元シンボルの一部が含まれる」と定義できる。

バーコードについては，従来からAIM Inc.（*automatic identification manufacture*❶：国際自動認識工業会）が市場の牽引役を果たしてきた。バーコード関係の規格は，AIMの工業会規格として長く運用されてきたが，1996年に

ISO/IEC JTC1 SC31 が設立され，以後，AIM 規格をベースに ISO/IEC 規格が制定されるようになり，これで名実ともにバーコード規格が国際規格になった。

　ISO/IEC 規格化の過程で，用語の全面的な見直しが実施され，従来から慣用的に用いられてきたものとは異なる用語が多く標準化された。これらの標準化によって，真のバーコード発展がなされたのである。

注　以降では，可能な限り「バーコード」の表記を用いず，「一次元シンボル体系（一次元シンボル）」または「二次元シンボル体系（二次元シンボル）」という表記を用いる。

1-5　一次元シンボル体系の概要

　一次元シンボル体系は，過去に 200 種類ほどが発表されたと思われるが，現在，ISO/IEC 規格になっているのは，図 1-5 に示すインタリーブド 2 オブ 5，コード 39，EAN/UPC，コード 128 および GS1 データバーの 5 種類である。

　コーダバーの国際規格については，ISO/IEC の委員会で議論されたが，各国間でコンセンサスが得られなかったために，ISO/IEC 規格にすることが断念された。AIM 規格を基にしたコーダバー（NW-7）は，2000 年 7 月に JIS が制定されているため，本書でも解説する。また，2012 年に JIS が制定された GS1 データバーも，本書の第 1 版の内容を修正して解説する。

　一次元シンボル体系は，JIS において，「長方形のバー及び長方形のスペースによる配列で情報を表示し，バーエレメント及びスペースエレメントに対して垂直方向に走査することによって機械読取り可能なシンボルである。シンボルキャラクタ，クワイエットゾーン及びキャラクタ間ギャップなどによって構成される」と定義されている。

　図 1-5 のシンボルは，可能な限り，最小エレメント幅と符号化するデータを同じにしたときのシンボルの大きさが比較できるように表示している。また，各シンボルに必要なクワイエットゾーン（余白部分）がわかるように，シンボ

---

❶現在は，*automatic identification mobility* または *advancing identification matters*

基本編

ルの周囲を破線で囲っている。バーコード密度が高い一次元シンボル体系は，GS1 データバーおよびコード 128（コードセット C で数字だけを表示した場合）であり，高信頼性システムで用いる一次元シンボル体系は，コード 39 およびコード 128 であるといえる。

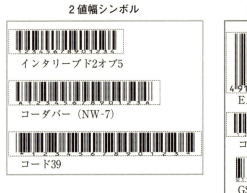

図 1-5　一次元シンボルの種類

　一次元シンボル体系は，基本的に，バーコードキャラクタで構成される部分と，左右のクワイエットゾーン（QZ）とで構成される。なかには QZ を必要としないシンボル体系もあるが，一次元シンボル体系では重要な構成要素である。また，規定の QZ に満たない場合は読取りに支障が生じることもあり，単なる余白ではないことを理解する必要がある。

　一次元シンボル体系は，**図 1-5** に示すように，バーコードキャラクタを構成するエレメント幅の種類によって，2 種類に分けることができる。

　2 値幅シンボル体系（*two width symbology*）は，エレメント（バーまたはスペース）幅の種類が太いものと細いものとの 2 種類で構成されるシンボル体系であり，基本的に，エレメント幅の比率が異なることを識別して読む方式である。

　(n, k) シンボル体系は，基本的に，あるエレメントの明暗変換点（例えば，明から暗）から，隣のエレメントの明暗変換点（例えば，明から暗）までの距離を測定して読む方式（*edge to similar edge*：エッジから類似エッジまで）である（図 6-4-4 参照）。(n, k) シンボル体系は，3 種類以上のエレメント幅で構成されるシンボル体系であり，現在では，4～9 種類の幅をもつシンボル体

系が規格化されている。(n, k) シンボル体系の n は一つのデータキャラクタを構成する総モジュール数を，k は一つのデータキャラクタを構成するバーエレメントとスペースエレメントとを対にした組数をそれぞれ表している。例えば，EAN/UPC は $n=7$，$k=2$ であり，コード 128 は $n=11$，$k=3$ となっている。

また一次元シンボル体系は，分離形（*discrete type*）と連続形（*cotinuous type*）とに分類することもできる。

分離形のバーコードキャラクタは，両端のエレメントがバーであり，一つのバーコードキャラクタと隣のバーコードキャラクタとの間をキャラクタ間ギャップ（スペース）で区切っている。一つひとつのバーコードキャラクタが分離しているシンボル体系であるため，バーコードキャラクタをバーコードフォントとして管理でき，連続形に比べて印字が容易である。

連続形のバーコードキャラクタは，バーエレメントで始まりスペースエレメントで終わるキャラクタであり，キャラクタ間に区切りのないシンボル体系である。わずかではあるが，キャラクタ間のギャップがない分だけ，シンボルの幅が狭くなるという特徴がある。

2値幅シンボル体系は，一つのデータキャラクタの中で，太エレメントだけの総数 (n) と太細エレメントを合わせた総数 (m) とで表現することもできる。すなわち，n out of m（全体が m 個の中で，n 個だけが異なる）である。インタリーブド 2 オブ 5 は 2 out of 5，コード 39 は 3 out of 9 などと表される。

さらに一次元シンボル体系は，表現できるキャラクタの種類によっても分類することができる。

数字を主とする一次元シンボル体系は，インタリーブド 2 オブ 5，EAN/UPC，コーダバー（NW-7），GS1 データバー（拡張型を除く）の 4 種類であり，主に流通分野で用いられている。産業界では，英文字を用いることも多いため，英数字を表すことができるコード 39 およびコード 128 を比較的多く用いている。

基本編

1-6 一次元シンボル体系の進化史

　一次元シンボル体系は，コンピュータをはじめとする各種情報機器へのデータ入力手段として用いられている。一次元シンボル体系は，ほとんどがアメリカで開発され，特にアメリカの流通業界で先進的に用いられたのが始まりである。

　アメリカの流通業界におけるバーコードの歴史は，POS（*point of sales*：販売時点情報の管理システム）の歴史ともいえる。

　1950年代に，買い物の精算段階での省力化，正確性の向上などの目的で，自動的な読取りの技術研究が行われ，磁気値札が開発された。

　1960年代後半になると，PLU（*price look up*）といって，あらかじめ商品の価格をコンピュータに登録（データベース化）しておき，商品には価格を表示せずに，商品番号(固有ID)を表示するという考え方が提案された。これによって，商品の値引きをするときでも，コンピュータのデータを変更するだけで，容易に対応できるようになった。

　1970年に，アメリカのスーパーマーケット協会，小売業協会などの7団体が，共通商品コードの研究を始めた。この研究は，主にコード体系とシンボル体系の仕様とを検討した。コード体系は，全体を10桁で構成し，最初の5桁が製造業者の企業コード，後半の5桁を製造業者が定める商品アイテムコードというものであった。シンボル仕様は，1971年にシンボル体系標準化小委員会を設立して検討した。1972年に，当時，アメリカ最大手のスーパーマーケットと機器メーカとが共同でPOSを開発し，実験に成功した。このとき用いたシンボル体系は，同心円状のシンボル（*bull's eye*：標的の中心部分）であり，読取りにはHe-Ne（*helium*：ヘリウム，*neon*：ネオン）レーザを用いた。このような状況の中，シンボル体系標準化小委員会がPOS用に用いるシンボル体系を公募した結果，機器メーカ8社からの応募があった。シンボル体系標準化小委員会は，各社から提案されたシンボル体系を，読取率，印刷コストなどを総合的に評価して，アメリカの大手事務機器メーカから提案されたシンボル体系を一部修正し，1973年にUPC（*universal product code*）として標準化した。
　このUPCは，ヨーロッパ各国に影響を与えた。1974年に国際チェーンストア協会の発議によって，パリで国際的コード管理機関の設立に関する会議が開催

された。この会議で EAN（*european article number*：欧州商品コード）特別委員会の設立が決定され，1977 年，正式に EAN 協会❶が発足し，UPC と互換性をもたせたシンボルが制定された。翌年，我が国も EAN 協会に加盟し，国識別コードとして 490 ～ 499 が与えられ，"JAN（じゃん）"コードと呼ぶシンボルが誕生した。後に，490 ～ 499 だけでは不足が予測されたため，450 ～ 459 が追加された。UPC と EAN の違いは，EAN シンボルがヨーロッパ各国を識別するコードを加味し，UPC の 12 桁に対して 13 桁にした点である。この EAN シンボルが広く普及し，2017 年には 120 の国，地域，用途などを識別する GS1 プリフィクスとして用いられるようになった。

図 1-6 に，一次元シンボル体系が進化してきた様子を示す。

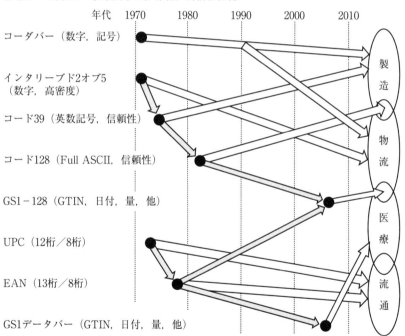

図 1-6　一次元シンボル体系の進化のトレンド
（灰色の矢印がシンボル体系の系列を示し，白色の矢印が，主に国内で用いている業界を示している。）

❶後の 2005 年に，組織名を「GS1：ジーエスワン」に変更した。

基本編

　一方，産業界においては，1977年にアメリカの国防総省がLOGMARS (*logistics applications of automated marking and reading symbols*) というプロジェクトを発足させ，バーコードの研究を開始したのが本格的な幕開けである。それ以前にもいろいろな検討がなされたが，普及には至らなかった。産業界では，商品アイテムコード，いわゆる製品（部品）番号が流通業界の12桁よりも大きな値であり，しかも英文字を含んでいることが大きな特徴であった。当時，英文字を表すシンボル体系は，1974年にアメリカから発表されたコード39だけであり，コード39が産業界の標準シンボルとして選択されたのは当然の帰結であった。

　アメリカの国防総省は，1980年に標準シンボルとしてコード39を採択し，1981年にLOGMARSプロジェクトの最終報告書をまとめた。アメリカ国防総省の研究を受けて，1981年にアメリカの自動車業界の大手3社が標準化機関AIAG (*automotive industry action group*) を設立し，標準化に着手した。同様に，EIA (*electronic industries alliance*) も標準化を開始し，AIAGが1984年に，EIAが1987年に物流ラベルをそれぞれ標準化した。以後，産業界では，AIM，AIAGおよびEIAが牽引役となってバーコードが進展した。

1-7　二次元シンボル体系の概要

　二次元シンボル体系は，過去，数十種類ほどが発表されたと思われるが，現在，ISO/IEC規格になっているのは，図1-7に示すPDF417，マイクロPDF417，データマトリックス，マキシコード，QRコード（マイクロQRコードを含む），アズテックコードおよびGS1合成シンボルの7種類である。本書を発行する時点では，マトリックスシンボル体系（*matrix symbology*）のハンシンコード（*han xin code*：漢信碼）およびドットコード（*dot code*）がISO/IEC JTC1 SC31 WG1においてIS化に向けて審議中であったが，時期尚早と判断し，本書では採り上げていない。

　二次元シンボル体系には，高さの低い一次元シンボル体系を複数段積み重ねたようなマルチローシンボル体系（*multirow symbology*）と，碁盤の目のいくつかを塗りつぶしたようなマトリックスシンボル体系とがある。

　マルチローシンボル体系は，一般に外形が長方形であり，左右のQZ，スター

トキャラクタ，左行指示子，コード語領域，右行指示子およびストップキャラクタで構成される。

マトリックスシンボル体系は，一般に外形が正方形または長方形で，シンボルを特定するためのユニークな位置検出パターン，画像のゆがみを検出するための位置合わせパターン，コード語領域などで構成される。

二次元シンボル体系の特徴は，一次元シンボル体系に比べて 10 〜 100 倍程度の情報量を表現できることと，一次元シンボル体系が数字，大小英文字，記号および制御符号を表現できるのに対して，仮名，漢字，ハングル，アラビアなどの 2 バイト文字（全角文字）も表現できるようになったことである。しかし，情報量が多くなったことで，シンボルが読めなかったときのリカバリが困難となる問題が発生した。一次元シンボルでは，シンボルが読めなかったときはシンボルの下部に表示している可読文字を人が読んで，キーボードで入力することができた。しかし二次元シンボル体系では，データ量が多い場合，シンボルの表示面積よりも可読文字を表示する面積の方が大きくなるため，通常は可読文字を表示しない。たとえ印字したとしても，二次元シンボルが読めなかった場合に，人が可読文字を読んでキーボードから入力することは誤入力の原因になるため，通常はそのようなことをしない。そこで考えられたのが，誤り訂正機能である。ISO/IEC の国際標準になっている大部分の二次元シンボル体

マルチローシンボル

PDF417

マイクロ PDF417

GS1 合成シンボル

マトリックスシンボル

データ
マトリックス

マキシコード

QR コード

マイクロ
QR コード

アズテック
コード

図 1-7　二次元シンボルの種類

系は，NASA［*national aeronautics and space administration*：（アメリカ）航空宇宙局］で開発されたリードソロモン（*Reed-Solomon*，開発者2名の連名）という誤り訂正機能をもち，シンボル体系の種類によって異なるが，最大で約95％のコード語が欠損しても元の情報を復元することができるシンボル体系もある。この機能によって，ユーザが安心して二次元シンボル体系を用いることができるようになった。

1-8 二次元シンボル体系の進化史

　世界で二次元シンボル体系の開発ラッシュが始まる前に，国内の大手自動車メーカは，1960年頃からマルチローシンボル体系の草分けとなる「多段シンボル」を用いた生産管理システムを稼働させていた。このシンボル体系の基になった一次元シンボル体系が，NW-7（コーダバー）であった。

　一次元シンボル体系の発表から遅れること約15年の1970年代後半から，二次元シンボル体系の開発がスタートした。一次元シンボル体系で表す情報は，英数字で30文字程度が上限と考えられていたが，1980年代になって，同じ面積で，もっと多くの情報を表現したいという市場ニーズがあり，二次元シンボル体系の開発が活発になった。これは見方を変えれば，同じ文字数ならば，もっと小さな面積で表現することができるということにつながる。

　二次元シンボル体系の開発は，大きく二つに分けることができる。一つは，IDカードなどに大容量データ（2 000文字程度）を格納する目的のマルチローシンボル体系の開発である。代表的なシンボルは，PDF417であった。もう一つは，一次元シンボル体系の数倍程度の情報を小さい面積で格納するのが目的のマトリックスシンボル体系である。代表的なシンボルは，データマトリックスであった。

　アメリカの大手運送会社などの仕分けラインで，高速読取りに特化して開発された二次元シンボル体系にマキシコードがある。

　ISO/IEC国際標準になっている二次元シンボル体系の中で，唯一，アメリカ以外の国で開発されたシンボルが，日本で開発されたQRコードである。QRコードは，先行する三つの二次元シンボル体系の特徴を兼ね備えたシンボル体系である。

第 1 章 バーコードとは

　最近になって，流通業界および医療業界からシンボルの小形化に対する要求があり，マイクロ PDF417 が開発され，さらにマイクロ PDF417 を基本にした GS1 合成シンボルが開発された。
　図 1-8 に，二次元シンボル体系が進化してきた様子を示す。

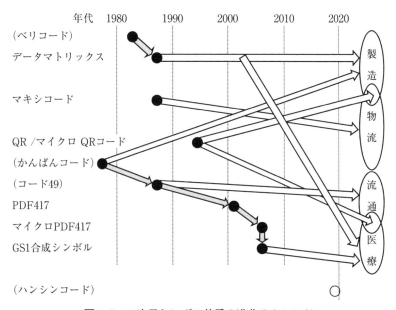

図 1-8　二次元シンボル体系の進化のトレンド
（灰色の矢印がシンボル体系の系列を示し，白色の矢印が，主に国内で用いている業界を示している。）

基本編

第 2 章

一次元シンボル体系

- 2-1　一次元シンボル体系の基礎
- 2-2　インタリーブド 2 オブ 5
- 2-3　コード 39
- 2-4　コーダバー（NW-7）
- 2-5　コード 128
- 2-6　EAN/UPC
- 2-7　GS1 データバー
- 2-8　一次元シンボル体系の活用法

Summary

　一次元シンボル体系は情報を一方向に表現したシンボルであり，1970 年代から POS，FA（*factory automation*）などを始めとして広い分野で用いられてきた。現在の AIDC 技術のインフラを築いたのも，この一次元シンボル体系である。一次元シンボル体系は過去に 200 種類近く発表されているが，本書では，国際標準および JIS になっている 6 種類のシンボル体系だけを採り上げている。

　ここでは，一次元シンボルの基礎，各シンボルの仕様，活用法について解説する。

基本編

2-1　一次元シンボル体系の基礎

　一次元シンボルを生成するには，表 2-1 に示す二つの方式がある。一つは，精密写真技術を用いてエレメントを作るアナログ式（バーコードマスタ）であり，もう一つは，小さな点の集合でエレメントを作るデジタル式（デジタル画像化）である。

表 2-1　一次元シンボルの生成

生成方式	生成技術	印字手段	主な用途
アナログ式	精密写真	商用印刷	ソースマーキング
デジタル式	デジタル画像化	バーコードプリンタ	枚葉印字，ラベル

　二つの方式で生成したシンボル画像の例を，図 2-1 に示す。

バーコードマスタ  アナログ式
（ドットの考えはない）

ドットピーン
インクジェット
電子写真 デジタル式
（ドットの集合体）

サーマルプリントヘッド デジタル式
（ドット単位の線の集合体）

図 2-1　アナログ式，デジタル式で生成したシンボル画像の例
　　　（理解しやすいように，多少，誇張してある。）

　デジタル式で一次元シンボルを表現するときのシンボル構成要素を，小さい要素から大きい要素の順に示すと，次のようになる。

① ドット（*dot*）：プリンタが表現できる最小単位。
② モジュール（*module*）：ドットの集合体（最小エレメント幅に同じ）。
③ エレメント（*element*）：モジュールの集合体によって，バー（*bar*）およびスペース（*space*）を表現したもの。本書で採り上げている一次元シンボル体系では，1～9モジュール幅までのエレメント（モジュール幅の整数倍）を用いている。
④ キャラクタ（*character*）：エレメントの集合体であり，スタートキャラクタ，データキャラクタ，シンボルチェックキャラクタ，ストップキャラクタなどがある。キャラクタを構成する総モジュール数はシンボル体系によって異なるが，本書で採り上げている一次元シンボルでは，7～26モジュールである。シンボル体系によっては，スタートパターン，ストップパターン，分離パターンなどを備えたシンボル体系もある。
⑤ キャラクタ間ギャップ（*inter character gap*：*ICG*）：分離形シンボル体系において，あるキャラクタの最後のバーと次のキャラクタの最初のバーまでの間隔であり，必ずスペースである。
⑥ クワイエットゾーン（*quiet zone*：*QZ*）：キャラクタ集合の左右または周囲に配置されるスペース領域であり，他の画像を侵入させてはならない。
⑦ 可読文字（*human readable character*）：シンボル画像の周囲（下部が多い）に表示する符号化文字列。併記文字ともいう。
⑧ シンボル（*symbol*）：上記④～⑦（キャラクタ，ICG，QZ，可読文字）で構成した全体である。

2-2　インタリーブド2オブ5

インタリーブド2オブ5（*interleaved 2 of 5*）は，JIS X 0505（ISO/IEC 16390）で規定されている一次元シンボル体系である。

インタリーブド2オブ5を用いたアプリケーション規格には，JIS X 0502物流商品（現在では，集合包装用商品）コード用バーコードシンボル，GS1仕様（ITF-14またはGTIN-14）などがある。

インタリーブド2オブ5は，物流および流通用として，世界中で多用されている。

基本編

2-2-1 構成

インタリーブド2オブ5は，2値幅シンボル体系の連続形シンボル体系であり，他のシンボル体系とは異なるユニークな構造をもつ。図2-2-1に示すように，バーエレメントの集合体およびスペースエレメントの集合体でデータキャラクタを構成し，双方が互いに差し挟む（*interleave*）構造である。

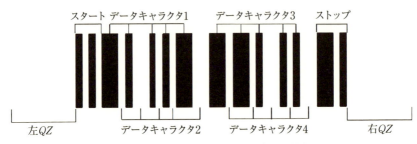

図2-2-1　インタリーブド2オブ5の構成例

インタリーブド2オブ5は，左QZ，スタートパターン，"データキャラクタ1，データキャラクタ2，…"，"データキャラクタn-1，シンボルチェックキャラクタ（オプション）またはデータキャラクタn"，ストップパターンおよび右QZで構成されている。

各データキャラクタは，5本のバーエレメントまたは5本のスペースエレメントで表され，5本のエレメントのうち2本のエレメントが，太い幅で構成されている。

符号化するデータキャラクタが奇数個の場合は，データの先頭に0を付加し，シンボルチェックキャラクタ（オプション）を含めて全体が偶数個になるようにしなければならない。したがって，データの先頭桁に意味をもたせるアプリケーションでは，注意が必要である。

2-2-2 特徴

表2-2-2に，インタリーブド2オブ5の特徴を示す。

第 2 章　一次元シンボル体系

表 2-2-2　インタリーブド 2 オブ 5 の特徴

項　目	内　容
表現できるデータキャラクタ	0～9
その他の情報	スタートパターンおよびストップパターン
コードタイプ	2 値幅シンボル体系の連続形
データキャラクタのエレメント構成	バーエレメントの集合体およびスペースエレメントの集合体で構成するデータキャラクタは，ともに太エレメント 2 本，細エレメント 3 本の合計 5 エレメント
表現できるデータキャラクタの桁数	可変。ただし，キャラクタは偶数個。奇数個の場合，データの先頭（最上位）に 0 を付加して偶数個にする。
シンボルチェックキャラクタ	オプション

2-2-3　寸　法

表 2-2-3 に，インタリーブド 2 オブ 5 の主な寸法を示す。

表 2-2-3　インタリーブド 2 オブ 5 の主な寸法

項　目	内　容
最小細エレメント幅（X）	システムで用いるプリンタの印字性能およびリーダの読取性能を考慮し，アプリケーション仕様で規定するのが望ましい。
太細比（N）	(2.0～3.0)：1.0 デジタル式印字では，細エレメント幅および太エレメント幅を構成するドット数が，整数ドットになるように N を決定しなければならない。
クワイエットゾーン（QZ）	$10X$ 以上
キャラクタ印字密度	12 キャラクタ/インチ （条件：$X=0.19$ mm，$N=2.5$）
シンボル高さ（Y）	1 本のレーザ式またはリニア CCD 式バーコードリーダで読む場合は，5 mm またはシンボル長の 15% のいずれか大きい方の値以上

基本編

2-3 コード 39

コード39（*code* 39）は，JIS X 0503（ISO / IEC 16388）で規定されている一次元シンボル体系である。

コード39を用いたアプリケーション規格には，アメリカの自動車工業会が制定したAIAGラベル，アメリカの電子工業会が制定したEIAラベルなどがある。国内では，日本電子機械工業会が制定したEIAJラベルなどがある。

高信頼性データを要求されるアプリケーション用として，軍事，航空宇宙，FAなどで多用されている。

2-3-1 構　成

コード39は，2値幅シンボル体系の分離形シンボル体系であり，各データキャラクタがICGによって区切られている。

シンボルの左側から，左*QZ*，"スタートキャラクタ，*ICG*"，"データキャラクタ1，*ICG*"，…，"データキャラクタ*n*，*ICG*"，"チェックキャラクタ（オプション），*ICG*"，ストップキャラクタおよび右*QZ*で構成されている。

図2-3-1に，コード39の構成例を示す。

図2-3-1　コード39の構成例

データキャラクタ，スタートキャラクタおよびストップキャラクタは，5本のバーエレメントおよび4本のスペースエレメントで表され，合計9本のエレメントのうち，3本が太いエレメントで構成されている。

2-3-2 特　徴

表 2-3-2 に，コード 39 の特徴を示す。

表 2-3-2　コード 39 の特徴

項　目	内　容
表現できるデータキャラクタ	A～Z，0～9，" "，"$"，"%"，"+"，"-"，"."，"/"
その他の情報	スタートキャラクタ，ストップキャラクタともに "*"
コードタイプ	2 値幅シンボル体系の分離形
データキャラクタのエレメント構成	バーエレメントが 5 本，スペースエレメントが 4 本で構成し，かつ，太エレメントが 3 本，細エレメントが 6 本で，合計 9 エレメントである。
表現できるデータキャラクタの個数	可変
シンボルチェックキャラクタ	オプション

2-3-3 寸　法

表 2-3-3 に，コード 39 の主な寸法を示す。

表 2-3-3　コード 39 の主な寸法

項　目	内　容
最小細エレメント幅 (X)	システムで用いるプリンタの印字性能およびリーダの読取性能を考慮し，アプリケーション仕様で規定するのが望ましい。
太細比 (N)	(2.0～3.0)：1.0 デジタル式印字では，細エレメント幅および太エレメント幅を構成するドット数が，整数ドットになるように N を決定しなければならない。
クワイエットゾーン (QZ)	$10X$ 以上
キャラクタ印字密度	5 キャラクタ/インチ（条件：$X=0.19$ mm，$N=2.5$）
シンボル高さ (Y)	1 本のレーザ式またはリニア CCD 式バーコードリーダで読む場合は，5 mm またはシンボル長の 15% で大きい方の値以上

基本編

2-4 コーダバー(NW-7)

コーダバー (NW-7) [*codabar* (*narrow wide*-7)] は，JIS X 0506 で規定されている一次元シンボル体系である。ISO/IEC 規格はない。ISO/IEC で国際規格化を検討したが，各国のコンセンサスを得ることができずに，規格化を断念した経緯がある。

このシンボル体系は，国内の図書館，宅配便の伝票などで用いられている。

2-4-1 構 成

コーダバーは，2 値幅シンボル体系の分離形シンボルであり，各データキャラクタが *ICG* によって区切られている。

シンボルの左側から，左 *QZ*，"スタートキャラクタ，*ICG*"，"データキャラクタ 1，*ICG*"，…，"データキャラクタ *n*，*ICG*"，"シンボルチェックキャラクタ（オプション），*ICG*"，ストップキャラクタおよび右 *QZ* で構成されている。

図 2-4-1 に，シンボルチェックキャラクタを省略したコーダバーの構成例を示す。

図 2-4-1　コーダバーの構成例

2-4-2 特 徴

表 2-4-2 に，コーダバーの特徴を示す。

第 2 章　一次元シンボル体系

表 2-4-2　コーダバーの特徴

項　目	内　容
表現できるデータキャラクタ	"0〜9", "-", "$", ":", "/", ".", "+"
その他の情報	スタート／ストップキャラクタは A, B, C, D であり，自由に選択して用いることができる。
コードタイプ	2値幅シンボル体系の分離形
データキャラクタのエレメント構成	バーエレメントが4本，スペースエレメントが3本で構成している。 "0〜9" および "-", "$" は，太エレメントが2本，細エレメントが5本で合計7エレメントである。 スタートキャラクタ，ストップキャラクタ，":"，"/", "." および "+" は，太エレメントが3本，細エレメントが4本で合計7エレメントである。
表現できるデータキャラクタの個数	可変
シンボルチェックキャラクタ	オプション

2-4-3　寸　法

表 2-4-3 に，コーダバーの主な寸法を示す。

表 2-4-3　コーダバーの主な寸法

項　目	内　容
最小細エレメント幅（X）	JIS X 0506 では規定していない。
太細比（N）	$(2.0〜3.0) : 1.0$
キャラクタ間ギャップ（ICG）	スペースの細エレメント幅〜3キャラクタ
クワイエットゾーン（QZ）	スタート／ストップキャラクタ幅以上
キャラクタ印字密度	9キャラクタ／インチ（条件：$X = 0.19$ mm, $N = 2.5$）
シンボル高さ（Y）	規定なし

基本編

2-5 コード128

コード128（*code* 128）は，JIS X 0504（ISO/IEC 15417）で規定されている一次元シンボル体系である。

2-5-1 構成

コード128は，(n, k) シンボル体系の連続形シンボル体系である。

左 *QZ*，スタートキャラクタ，データキャラクタ，シンボルチェックキャラクタ，ストップキャラクタおよび右 *QZ* で構成されている。

図2-5-1に，コード128の構成例を示す。NAK（シンボルキャラクタ値85，ASCII値21）は，シンボルチェックキャラクタである[❶]。

図2-5-1　コード128の構成例

2-5-2 特徴

表2-5-2に，コード128の特徴を示す。

---

❶通常は，シンボルチェックキャラクタを可読文字として表示しない。また，送信データの中にも含めない。

第 2 章　一次元シンボル体系

表 2-5-2　コード 128 の特徴

項　　目	内　　容
表現できるデータキャラクタ	コードセット A：0～9, A～Z, 28 種類の記号, ASCII 制御文字, FNC1～4, Shift, Code B, Code C コードセット B：0～9, A～Z, a～z, 33 種類の記号, FNC1～4, Shift, Code A, Code C コードセット C：00～99, FNC1, Code A, Code B
シンボルチェックキャラクタ	コード 128 値に該当するキャラクタ（コードセット状態によって異なる。）
その他の情報	スタート A, B, C およびストップキャラクタ
コードタイプ	(n, k) シンボル体系の連続形
データキャラクタのエレメント構成 （ストップキャラクタを除く）	バーエレメントが 3 本，スペースエレメントが 3 本で構成している。エレメント幅は，$1X$, $2X$, $3X$ および $4X$ である。データキャラクタを構成する総モジュール数は，11 モジュールである。したがって，$n=11$, $k=3$ である。
表現できるデータキャラクタの個数	可変
シンボルチェックキャラクタ	必須

2-5-3　寸　法

表 2-5-3 に，コード 128 の主な寸法を示す。

表 2-5-3　コード 128 の主な寸法

項　　目	内　　容
最小細エレメント幅（X） （JIS X 0504 では，モジュール幅で表現している。）	システムで用いるプリンタの印字性能およびリーダの読取性能を考慮し，アプリケーション仕様で規定するのが望ましい。
エレメント幅の種類	X の整数倍で $1X$, $2X$, $3X$ および $4X$ デジタル式印字では，各エレメント幅を構成するドット数が，整数ドットになるように決定するのが望ましい。
クワイエットゾーン（QZ）	$10X$ 以上
キャラクタ印字密度	コードセット A および B： 　7 キャラクタ/インチ（条件：$X=0.19\,\mathrm{mm}$,） コードセット C： 　14 キャラクタ/インチ（条件：$X=0.19\,\mathrm{mm}$,）
シンボル高さ（Y）	1 本のレーザ式またはリニア CCD 式バーコードリーダで読む場合は，5 mm またはシンボル長の 15% で大きい方の値以上

基本編

2-6 EAN/UPC

EAN/UPC は，JIS X 0507（ISO/IEC 15420）で規定されている一次元シンボル体系である。

我が国では，1985年に，EAN シンボルのアプリケーション規格として「JIS X 0501 共通商品コード用バーコードシンボル」が制定されていたが，後に，ISO/IEC 規格の IDT（*identical*：一致）規格として JIS X 0507 が制定されたことから，2008年12月に JIS X 0501 は廃止されている。

2-6-1 構 成

EAN/UPC シンボル体系は，(n, k) シンボル体系の連続形シンボル体系であり，大きく分けて次の4種類がある。

(a) EAN-13（JAN-13）

左 QZ，標準ガードパターン（GP），左側バーコードキャラクタ6桁，中央ガードパターン（CGP），右側バーコードキャラクタ5桁，シンボルチェックキャラクタ1桁（c/c），標準ガードパターン（GP）および右 QZ で構成されている。c/c は必須である。また，最上位桁の5は，左側バーコードキャラクタ6桁の数字セットを組み合わせて作りだす（詳細は専門編で解説する）。

図 2-6-1-a に，EAN-13 シンボルの構成例を示す。

図 2-6-1-a　EAN-13 シンボルの構成例

(b) EAN-8（JAN-8）

　左 QZ，標準ガードパターン（GP），左側バーコードキャラクタ4桁，中央ガードパターン（CGP），右側バーコードキャラクタ3桁，シンボルチェックキャラクタ1桁（c/c），標準ガードパターン（GP）および右 QZ で構成されている。c/c は必須である。

　図 2-6-1-b に，EAN-8 シンボルの構成例を示す。

図 2-6-1-b　EAN-8 シンボルの構成例

(c) UPC-A

　左 QZ，標準ガードパターン（GP），左側バーコードキャラクタ6桁，中央ガードパターン（CGP），右側バーコードキャラクタ5桁，チェックキャラクタ（c/c），標準ガードパターン（GP）および右 QZ で構成されている。c/c は必須である。

　図 2-6-1-c に，UPC-A シンボルの構成例を示す。

図 2-6-1-c　UPC-A シンボルの構成例

基本編

(d) UPC-E

左 QZ，標準ガードパターン（GP），バーコードキャラクタ6桁，特殊ガードパターンおよび右 QZ で構成されている。

007834000091 をゼロ抑制によって符号化した UPC-E シンボルの構成例を，図 2-6-1-d に示す。なお，ゼロ抑制（*zero suppress*）の詳細は専門編で解説する。

図 2-6-1-d　UPC-E シンボルの構成例

(e) 追加シンボル

追加シンボル（*add on symbol*）体系は，定期刊行物，書籍などのために作られたものである。

追加シンボルは，主シンボルの右 QZ の後に配置する。追加シンボル内では，バーコードキャラクタ間に追加分離パターンが存在する。また，追加シンボルの右端には，ガードパターンをもたず，明示的なチェックキャラクタもない。

2桁の追加シンボル例を図 2-6-1-e1 に，5桁の追加シンボル例を図 2-6-1-e2 に示す。

第 2 章　一次元シンボル体系

図 2-6-1-e1　追加シンボル 2 桁の構成例

図 2-6-1-e2　追加シンボル 5 桁の構成例

2-6-2　特　徴

表 2-6-2 に，EAN/UPC シンボル体系の特徴を示す。

基本編

表 2-6-2　EAN/UPC の特徴

項　　目	内　　容
表現できるデータキャラクタ	0〜9
シンボルチェックキャラクタ	0〜9
その他の情報	標準ガードパターン，中央ガードパターン，UPC-E シンボルでは特殊ガードパターン
コードタイプ	(n, k) シンボル体系の連続形
データキャラクタのエレメント構成	2本のバーエレメントおよび2本のスペースエレメントで構成する。エレメント幅は，X の整数倍で $1X$，$2X$，$3X$ および $4X$ である。キャラクタを構成する総モジュール数は7モジュールである。 したがって，$n=7$，$k=2$ である。
表現できるデータキャラクタの桁数	固定 EAN-13　13桁，EAN-8　8桁，UPC-A　12桁 UPC-E　8桁（12桁のゼロ抑制したデータ）
シンボルチェックキャラクタ	EAN-13，EAN-8，UPC-A は必須。UPC-E は特殊

2-6-3　寸　法

表 2-6-3 に，EAN/UPC の主な寸法を示す。

表 2-6-3　EAN/UPC の主な寸法

項　　目	内　　容
最小細エレメント幅 (X)	0.33 mm を公称（基準）幅とする。（1.0 倍時）
エレメント幅の種類	X の整数倍で $1X$，$2X$，$3X$ および $4X$ デジタル式印字では，各エレメント幅を構成するドット数が整数ドットになるように決定するのが望ましい。
最小クワイエットゾーン (QZ)	EAN-13　左 $11X$，右 $7X$　　EAN-8　左 $7X$，右 $7X$ UPC-A　左 $9X$，右 $9X$　　UPC-E　左 $9X$，右 $7X$
キャラクタ密度	表現できるデータキャラクタの個数が固定のため，該当しない。
シンボル高さ (Y)（商品を輸出する場合は，Y を厳守）	EAN-13，UPC-A，UPC-E　　22.85 mm 以上 EAN-8　　18.23 mm 以上
縮小率〜拡大率	0.8〜2.0 倍

2-7　GS1 データバー

　GS1（ジーエスワン）データバー（GS1 *databar*）は，JIS X 0509（ISO/IEC 24724）で規定されている一次元シンボル体系である。国際規格が制定された当初は RSS（*reduced space symbology*）と呼ばれていたが，後に GS1 データバーに改名された。

2-7-1　GS1 データバーの種類

　GS1 データバーには次の三つのタイプがあり，全体で 7 種類のシンボル体系がある。

【タイプ 1】
(a) GS1 データバー標準型
　タイプ 1 の基本となるシンボルである（**図 2-7-1-a**）。

図 2-7-1-a　GS1 データバー標準型

(b) GS1 データバー切詰型
　切詰型（*truncated*）は，GS1 データバー標準型のシンボル高さを低くしたシンボルである（**図 2-7-1-b**）。

図 2-7-1-b　GS1 データバー切詰型

(c) GS1 データバー二層型
　二層型（*stacked*）は，切詰型を中央から 2 分割し，左半分の高さをさらに切り詰めて，右半分の上に積み重ねたシンボルである（**図 2-7-1-c**）。

基本編

(01)04912345123459

図 2-7-1-c　GS1 データバー二層型

(d) GS1 データバー標準二層型

　標準二層型（*stacked omnidirectional*）は，二層型シンボルの高さを高くしたシンボルである（図 2-7-1-d）。

(01)04912345123459

図 2-7-1-d　GS1 データバー標準二層型

【タイプ 2】
(e) GS1 データバー限定型

　限定型（*limited*）は，タイプ 1 のデータを制限したシンボルである（図 2-7-1-e）。

(01)04912345123459

図 2-7-1-e　GS1 データバー限定型

【タイプ 3】
(f) GS1 データバー拡張型

　拡張型（*expanded*）は，タイプ 1 のデータを拡張したシンボルである（図 2-7-1-f）。

(01)04912345123459(17)091231(10)ABCD1234

図 2-7-1-f　GS1 データバー拡張型

(g) GS1 データバー拡張多層型

拡張多層型（*expanded stacked*）は，拡張型を二層型の要領で分割して積み重ねたシンボルである（図 2-7-1-g）。データ量が多い場合は，11 段まで積み重ねることができる。

図 2-7-1-g　GS1 データバー拡張多層型

2-7-2　構　成

【タイプ 1】

左 GP，データキャラクタ 1，左ファインダパターン（FP），データキャラクタ 2，データキャラクタ 4，右 FP，データキャラクタ 3 および右 GP で構成されている。他の一次元シンボル体系と異なり，左右の *QZ* を必要としない。また，符号化する前にデータを圧縮するため，データキャラクタと入力したデータとは 1 対 1 で対応しない。図 2-7-1（a～d）は，(01) 04412345678909 を表しているが，先頭の（01）および末尾の 9 はデータキャラクタの中に符号化されていない。バーコードリーダは，読んだデータの先頭に暗黙的に 01 を付加し，読んだデータを基にして通常の EAN シンボルと同様に計算してシンボルチェックキャラクタを求め，データの最後に付加して出力する。シンボル本来のチェックキャラクタは，二つの FP に分けて符号化されている。

【タイプ 2】

左 GP，左データキャラクタ，チェックキャラクタ，右データキャラクタおよび右 GP で構成されている。

【タイプ 3】

左 GP，チェックキャラクタ，FP-A1，データキャラクタ 1，データキャラクタ 2，FP-B2，データキャラクタ 3，データキャラクタ 4，FP-B1，データキャラクタ 5，…，および右 GP で構成されている。

2-7-3 特徴

表2-7-3に，GS-1データバーの特徴を示す。

表2-7-3　GS-1データバーの特徴

【タイプ1】

項　目	内　容
表現できるデータキャラクタ	0〜9
シンボルチェックキャラクタ	00〜79
その他の情報	左GP，左FP，右FP，右GP，二層型では上下の分離パターン
コードタイプ	(n, k) シンボル体系の連続形
データキャラクタのエレメント構成	4本のバーエレメントおよび4本のスペースエレメントで構成する。エレメント幅は，Xの整数倍で$1X〜9X$である。キャラクタを構成する総モジュール数は，15または16モジュールである。したがって，$(n=16, k=4)$ または $(n=15, k=4)$ である。
ファインダパターンのエレメント構成	5エレメントで15モジュール
表現できるデータキャラクタの桁数	固定（14桁） $2×10^{13}$個（00 000 000 000 000 〜 19 999 999 999 999）
シンボルチェックキャラクタ	必須

【タイプ2】

項　目	内　容
表現できるデータキャラクタ	0〜9
シンボルチェックキャラクタ	00〜88
その他の情報	左GP，チェックキャラクタ，右GP
コードタイプ	(n, k) シンボル体系の連続形
データキャラクタのエレメント構成	$n=26, k=7$
チェックキャラクタのエレメント構成	$n=18, k=7$
表現できるデータキャラクタの桁数	固定（13桁） $4×10^{12}$個（0 000 000 000 000 〜 3 999 999 999 999）
シンボルチェックキャラクタ	必須

【タイプ3】

項　　　目	内　　　容
表現できるデータキャラクタ	JIS X 201（ISO 646）。一部制限あり
その他のキャラクタ	FNC1
コードタイプ	(n, k) シンボル体系の連続形
表現できるデータキャラクタの桁数または個数	可変 数字：74桁以下 英字，記号：41個以下
シンボルチェックキャラクタ	必須

2-7-4 寸　法

表2-7-4に，GS-1データバーの主な寸法を示す。

表2-7-4　GS-1データバーの主な寸法

【タイプ1】

項　　　目		内　　　容
最小細エレメント幅（X）		システムで用いるプリンタの印字性能およびリーダの読取性能を考慮し，アプリケーション仕様で規定するのが望ましい。
クワイエットゾーン（QZ）		必要なし
シンボルの大きさ	標準型	幅 $96X$ ×高さ $33X$
	切詰型	幅 $96X$ ×高さ $13X$，最大高さ $33X$
	二層型	幅 $50X$ ×高さ $13X$，最大高さ $13X$
	標準二層型	幅 $50X$ ×高さ $69X$

【タイプ2】

項　　　目	内　　　容
最小細エレメント幅（X）	システムで用いるプリンタの印字性能およびリーダの読取性能を考慮し，アプリケーション仕様で規定するのが望ましい。
クワイエットゾーン（QZ）	必要なし
シンボル高さ（Y）	最小 $10X$

【タイプ3】

項　　　目	内　　　容
最小細エレメント幅（X）	システムで用いるプリンタの印字性能およびリーダの読取性能を考慮し，アプリケーション仕様で規定するのが望ましい。
クワイエットゾーン（QZ）	必要なし
シンボル高さ	最小 $34X$，11段のとき $404X$

基本編

2-8 一次元シンボル体系の活用法

　一次元シンボル体系が ISO/IEC で規格化されたとき，従来の規格と大きく異なった点がいくつかある。第一に用語が大きく変わったこと，第二に印字品質の規定が変わり，アプリケーション規定で印字品質グレードを規定するようになったことである（4-5「バーコード印字品質試験仕様」参照）。また，第三にさまざまなアプリケーションで利用できるように，寸法規定がなくなったシンボル体系が多いことであるが，限定されたアプリケーションに用いるEAN/UPC および GS1 データバーは，従来どおり詳細な寸法規定が残っている。

　ここでは，一般的なアプリケーションで一次元シンボル体系を上手に活用するための注意点を解説する。

2-8-1　シンボル体系を選ぶ

　一次元シンボル体系を選ぶときは，最初に，どのような情報を符号化するのかを知る必要がある。符号化する情報は，製品（商品）などを識別するための品番などが多い。品番とともに付属情報を符号化する場合もあるが，一つのシンボルに表現できるデータ量は多くても 40 桁ぐらいにするのが望ましい。

　一般に，符号化する情報はアプリケーション範囲内で唯一であることが望ましい。

　情報内容およびその桁数がわかれば，シンボルの種類を選ぶことができる。情報の中に full ASCII でないと表せないキャラクタがあれば，コード 128 を選ぶ。英数字であれば，コード 39 またはコード 128 のどちらかを選ぶ。すべて数字であれば，インタリーブド 2 オブ 5，コード 39，コード 128 またはコーダバーのいずれを選んでもよい。

2-8-2　シンボルの印字密度を決める

　情報内容と桁数が決まれば，次に，印字面積として最大でどのくらいの面積（長さ）が確保できるかを調べる。確保できる面積が小さければ，シンボル印字密度の高いシンボル体系を選ばなければならない。表 2-8-2 に，同一条件でのシンボル印字密度の比較を示す。数字だけを符号化するのであれば，インタリーブド 2 オブ 5 またはコード 128 を選ぶ。2 値幅シンボル体系では，細エ

レメント幅（X），太細比（N）およびキャラクタ間ギャップ（ICG）が小さいほど，シンボル印字密度は高くなる。(n, k) シンボル体系は，主にシンボル体系と最小細エレメント幅（X）でシンボル印字密度が決まる。

一般に，シンボル印字密度はキャラクタ／インチで表す。

表2-8-2　シンボル印字密度（キャラクタ／インチ）

一次元シンボル体系	シンボル印字密度（キャラクタ）
インタリーブド2オブ5	12
コード39	5
コーダバー	9
コード128	コードセットA，B＝7 コードセットC＝14
EAN（JAN）/UPC	（固定桁および公称 X 寸法のため）
GS1データバー（タイプ1および2） 　　　　　　　（タイプ3）	（固定桁のため） （拡張型，拡張多層型のため）

小数点以下は切り捨て

2-8-3　最小細エレメント幅とエレメントの太細比を決める

最小細エレメント幅（X）は，高密度用リーダを用いる場合を除いて，一般に0.19mm以上を選ぶのが望ましいが，事前に実証試験などで工程能力（CPK：この場合は，決めた公差内でバーコードを読む性能）が十分であることを確認することが重要である。

次にエレメント幅の太細比（N）であるが，印字方法の種類を問わず，規定のエレメント幅で印字しても，すべてのエレメントを規定どおりに印字することは不可能である。デジタル式でバーコード画像を生成する場合は，一つのバーコードキャラクタ内で，細または太エレメント幅を同じに設定できない場合も生じる（詳細は専門編で解説する）。

図2-8-3-1に，一般的なエレメント幅のバラツキの傾向を示す。印字のバラツキはほぼ正規分布に近くなり，品質の良い印字（図の実線）は分布の頂点が高くなり，分布の裾野の幅が狭くなる。品質の悪い印字（図の破線）は，この逆になる。エレメント幅の太細比を小さくしていくと，図2-8-3-2に示すように，分布の重なりが生じてくる。分布の重なり部分のエレメントは，太い／細いの区別ができなくなり，リーダで読むことができない。アプリケー

ションの運用前に，実証実験などで十分に確認することが重要である。一般に，エレメント幅の太細比（2.0〜3.0）：1.0 の中でも，可能な限り 3.0：1.0 に近い値に設定するのが望ましい。ただし，デジタル式で生成する場合は，太エレメントも細エレメントもドットの整数倍でなければならない。

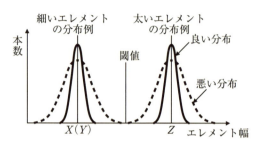

図 2-8-3-1　正しく読めるエレメント分布例

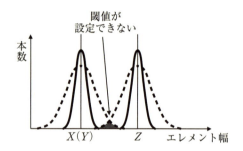

図 2-8-3-2　正しく読めないエレメント分布例

2-8-4　シンボルの高さを決める

　単一ラインで走査するリーダの場合，一次元シンボルの高さが低いと読取り操作が難しくなるので，作業効率が低下する。また，シンボルを移動読みするときは，図 2-8-4 に示すように，シンボルを読むリーダの走査方向と垂直になるように移動方向を決めるのが望ましい。走査方向と同じ方向に移動させると，不読になる場合がある。例えば，図 2-8-4 の左図および右図で，◆が両端に付いている走査では，読むことができない。
　移動速度とシンボル高さとの関係は，シンボルが移動中に 5 回以上の走査ができるように，シンボル高さを決めるのが望ましい。手動で読む場合でも，シ

第 2 章　一次元シンボル体系

ンボルの上から下へなぞるように走査するとスムーズに読むことができる。

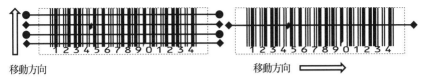

図 2-8-4　シンボル移動方向による読取りの違い

2-8-5　読取桁数

　一次元シンボル体系は，一般に，すべてのエレメントを一回の走査で読むことを前提にしている。したがって，シンボルの一部を斜めに走査すると，桁落ち（意図した桁数よりも少なく読むこと）が発生することがある。インタリーブド2オブ5の場合は，斜めに走査したときに，ストップパターンと同じになっているところをスキャンすると，桁落ちが発生する確率が増す（**図 2-8-5-1**）。

図 2-8-5-1　インタリーブド 2 オブ 5 の桁落ち

図 2-8-5-2　ベアラバー付きシンボル

　他のシンボル体系では，原理的に不読や誤読などが発生する確率は低いが，印字むらおよび汚れなどの要因が加わり，桁落ちが発生する場合がある。その場合は，リーダに読取桁数を指定して桁落ちを防ぐ，または物流商品用バーコー

ドシンボル（JIS X 0502）のように，図 2-8-5-2 に示すベアラバーを用いて桁落ちを防止するのが望ましい。

図 2-8-5-3　1 スポットのコード 39

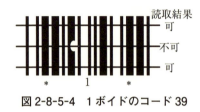

図 2-8-5-4　1 ボイドのコード 39

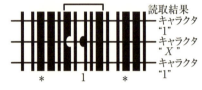

図 2-8-5-5　2 欠陥のコード 39

図 2-8-5-3 および図 2-8-5-4 は，一つのスポットおよび一つのボイドがある場合に，読めなくなる例である。また，図 2-8-5-5 は，一つのキャラクタ内で，複数の汚れによって誤読する例である。

一次元シンボル体系には，読み間違いを減らすために，バーコードリーダで自己チェックができる機能が備わっている。バーコードリーダは，規格に適合した復号アルゴリズムを用いるのが望ましい。

2-8-6　データキャリア識別子を用いる

一つのアプリケーションの中で，二つ以上の異なるアイテムを識別する必要があるときは，複数のシンボル体系を用いざるをえない。例えば，流通分野では，JAN-13, ITF-14, GS1-128, GS1 データバー，GS1 合成シンボルなどが混在する場合がある。

通常のバーコードリーダは，複数のシンボル体系を自動識別して読む機能を備えている。その場合，ホスト側では，どのシンボル体系を読んだときのデータであるのかを判別することが必要になる。一般のバーコードリーダは，どのシンボル体系を読んだのかを識別できる「シンボル体系識別子」（JIS X 0530 参照）を，読んだデータの先頭に付加して送信する機能をもっている。また，各シンボル体系に固有の属性情報も送信することができる。データキャリア識

別子の構造は，図 2-8-6 に示すように，フラグキャラクタ，コードキャラクタおよび変更子キャラクタの三つから構成されている。

図 2-8-6　データキャリア識別子の構造

　フラグキャラクタは，これに続くデータがデータキャリア識別子であることを表している。コードキャラクタはシンボル体系の種類を表し，変更子キャラクタは属性情報を表している。コードキャラクタは，JIS X 0530 が成立する以前から「コードマーク」と呼ばれ，リーダメーカによって，独自のコードマークが用いられていた。今後は，JIS に基づいたシンボル体系識別子を用いることが望まれる。

　例えば，コードキャラクタ A はコード 39 であり，変更子キャラクタ 0 はチェックキャラクタ検証も full ASCII 処理もしないで，すべてのデータが復号されたとおりに送信されたことを示している。また，変更子キャラクタが 1 の場合は，モジュロ 43 チェックキャラクタは検証され，チェックキャラクタも読んだデータとともに送信されれたことを示している。

基本編

第 3 章

二次元シンボル体系

- 3-1 二次元シンボル体系の基礎
- 3-2 マルチローシンボル体系
- 3-3 マトリックスシンボル体系
- 3-4 二次元シンボル体系の活用法

Summary

二次元シンボル体系は，X方向およびY方向に情報をもたせたシンボルであり，マルチローシンボル体系とマトリックスシンボル体系とに分類される。

マルチローシンボル体系は，一次元シンボル体系のエレメント高さを低くし，複数段積み重ねた構造である。マトリックスシンボル体系は，一般に碁盤の目のような形状である。

二次元シンボル体系も過去に数十種類発表されているが，ここでは，ISO/IEC規格およびJISになっている8種類のシンボル体系の概要について解説する。

基本編

3-1 二次元シンボル体系の基礎

二次元シンボル体系は，マルチローシンボル体系とマトリックスシンボル体系とに分類される。

3-1-1 情報の表現方法

一次元シンボル体系の情報は，一方向に符号化されている（図3-1-1-1）。シンボル高さの中でどの部分を走査しても，同じデータとして読める。

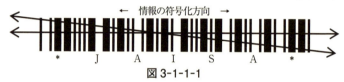

図 3-1-1-1

二次元シンボル体系の情報は，X方向およびY方向に符号化されている（図3-1-1-2）。基本的に，シンボル全体を走査しないと読むことができない。

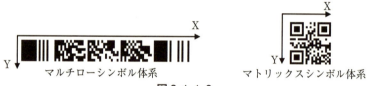

図 3-1-1-2

マルチローシンボルの場合は，基本的に一段ごとに走査する必要がある。しかし実際は，行跨ぎ走査といって，シンボルの水平方向に対してある程度斜めに走査しても，読めるような工夫がされている。一方，マトリックスシンボル体系では，デジタルカメラで撮影した画像を解析して読むため，ソフトウエアによって全体を走査することになる。

3-1-2 データの圧縮および伸長

二次元シンボル体系では，データを符号化する前にデータ圧縮してコード語（$code\ word$）を生成する。シンボル体系によって圧縮方法が異なるが，一般に，n進数をm進数に変換することによって圧縮する可逆圧縮方式❶である。

---

❶可逆圧縮では，圧縮前の内容と伸長後の内容が同じになる。

3-1-3 誤り検出および自動誤り訂正

　二次元シンボル体系では，一次元シンボル体系に比べて符号化できる情報量が多くなった反面，印字面積の関係で可読文字を併記することが困難（二次元シンボル体系の特長を損なってしまう）な場合が多い。そのため，汚れ，擦れ，破れなどによってシンボルの一部が読めなくなっても，バーコードリーダで自動的に誤りを訂正して読むような工夫がされている。

　大部分の二次元シンボル体系は，リードソロモン方式で誤り訂正を行っている。リーダで読むときに，読めないコード語や誤って読んだコード語があると，誤り訂正用のデータ領域からデータを引き出し，読取りデータを修正して正しいデータにすることができる（修正可能な個数には，限度がある）。

　誤り訂正レベルを上げると符号化するデータ量も増大するため，シンボル形状が大きくなってしまう。誤り訂正に期待して印字品質を手薄にすると，システム全体の信頼性を損なう場合がある。一般に，システムの信頼性を確保するためには，必要以上に誤り訂正レベルを高くするよりも，印字品質を高品位に保つ方が得策である。

3-1-4 ファインダパターン

　マトリックスシンボル体系には，ファインダパターン（QRコードでは位置検出パターン）といって，シンボルを特定するためのユニークな固定パターンがある。ファインダパターンの形状は，シンボル体系によって異なる（図3-1-4）。ファインダパターンと同じパターンが，データ領域の中に出現してはならない。

図3-1-4　マトリックスシンボル体系のファインダパターン例

基本編

3-2 マルチローシンボル体系

マルチローシンボル体系は，一次元シンボルのエレメント高さを低くしたものを，複数段積み重ねたようなシンボル体系である。代表的なシンボル体系には，PDF417，マイクロPDF417，GS1合成シンボルなどがある。

3-2-1　PDF417およびマイクロPDF417

PDF417シンボルは，JIS X 0508（ISO/IEC 15438）で規定されている二次元シンボル体系である。

左QZ，スタートキャラクタ，左行指示子，データコード語列，右行指示子，ストップパターンおよび右QZで構成されている。なおQZは，シンボルの上下を含む周囲に$2X$以上必要である。

スタートパターンおよびストップパターンは，すべての行に共通である。中央にデータコード語列（データ長によって列数が異なる）を配置し，その左右に行指示子がある。左右の行指示子によって「行跨ぎ（斜め）走査」が可能になる。

図3-2-1に，PDF417シンボル体系の構成例を示す。

図3-2-1　PDF417シンボル体系の構成例

マイクロPDF417は，ISO/IEC 24728で規定されているマルチロー形シンボル体系である（JISは制定されていない）。

マイクロPDF417は，PDF417を基にして，さらに省スペース化したマルチローシンボル体系である。誤り訂正レベルは，行数および列数によって決まっており，利用者が選択することはできない。PDF417と異なり，スタートパター

ンおよびストップパターンを省いている。1列〜4列までの四つの列バージョンがあり，GS1合成シンボルの二次元シンボル部分として採用されている（実際は，変形マイクロPDF417である）。

3-2-2 GS1合成シンボル

GS1合成シンボルは，ISO/IEC 24723で規定されているシンボル体系である（JISは制定されていない）。

GS1合成シンボルは，GS1データバー，EAN/UPCおよびGS1-128による一次元シンボルとPDF417またはマイクロPDF417とを合成したシンボルである。一次元シンボル用のリーダだけでも運用できるように，必ず一次元シンボルが存在する。

二次元シンボル部分は，単一ライン方式のバーコードリーダまたはリニアイメージャ方式のバーコードリーダでも読むことができる。当然であるが，エリアイメージャ方式のバーコードリーダで，両方のシンボルを一つの画像として読むことも可能である。

GS1合成シンボルには，CC（*composite comporment*）-A，CC-BおよびCC-Cの三つのタイプがある。それぞれの例を，図3-2-2-a，図3-2-2-b，図3-2-2-cに示す。

(a) CC-A

一次元シンボル部分には，EAN-13，UPC-A，EAN-8，UPC-E，GS1-128，GS1データバー（すべてのタイプ）を用いることができる。二次元シンボル部分には，CC-A専用の変形マイクロPDF417を用いる。

図3-2-2-a　CC-Aの例

(b) CC-B

一次元シンボル部分には，EAN-13，UPC-A，EAN-8，UPC-E，GS1-128，全タイプのGS1データバーを用いることができる。二次元シンボル部分には，正規のマイクロPDF417を用いる。

図3-2-2-b　CC-Bの例

(c) CC-C

一次元シンボル部分には，GS1-128を用いる。二次元シンボル部分には，PDF417を用いる。

図3-2-2-c　CC-Cの例

3-3　マトリックスシンボル体系

マトリックスシンボル体系は，マルチローシンボル体系に比べて極小化ができ，小さな面積に印字するのに適している。

3-3-1　データマトリックス

データマトリックス（*data matrix*）は，JIS X 0512（ISO/IEC 16022）で規定されているマトリックス形の二次元シンボル体系である。

データマトリックスには，2種類の誤り訂正方式がある。一つは畳込み符号を用いた方式（*convolutional code*）であり，ECC（*error checking and correcting*）000〜140の中で5種類が規定されている。もう一つはリードソロモン方式を用いるECC200である。現在は，データの大容量化および誤り訂正能力を強化したECC200だけを推奨している。

第 3 章　二次元シンボル体系

ISO/IEC 16022 のアプリケーション規格として GS1 データマトリックス（シンボル体系はデータマトリックスであるが，GS1 の符号化フォームを採用したシンボル）がある。

データマトリックスは，マトリックス形二次元シンボル体系の中で，最も小さな面積に印字できるシンボル体系であり，医療用器材などにダイレクトマークするアプリケーションで多用されている。通常は，正方形（図 3-3-1-1 左図）のシンボルを用いるが，印字領域が横長の場合用に，長方形シンボル（図 3-3-1-2）も用意されている。シンボルは，ゆがみを補正するために 1 ブロックを，最大 24×24 画素以内にしなければならない。データ量が多くなった場合は，シンボルを最大 24×24 画素にブロック化しなければならない（図 3-3-1-1 右図）。

"0" を 20 桁

"0" を 69 桁

図 3-3-1-1　シンボルのブロック化の例

図 3-3-1-2　反転シンボルおよび長方形シンボルの例

データマトリックスは，明暗反転シンボルを許可している。また，大容量データの場合は，シンボルを最大 16 個まで分割する機能も備えている。

3-3-2　マキシコード

マキシコード（*maxi code*）は，ISO/IEC 16023 で規定されているマトリックス形の二次元シンボル体系である。日本国内で使われることが少ないため，

基本編

JIS は制定されていない。また開発元の企業は，この規格のスポンサーを停止したためメンテナンスをすることができなくなり，現状では，「改正することはない状態（*stabilize*）」である。

マキシコードは，1987 年にアメリカ最大手の物流企業によって発表された。物流センターでの高速仕分けができるように，シンボルの大きさを約 1 インチ角に固定していることと，ファインダパターンも見つけやすいように工夫されている。また，格納できる情報量も他の二次元シンボル体系に比べて少なく，英数字で最大 93 キャラクタである。

図 3-3-2 に，マキシコードの例を示す（モジュールの形状は六角形である）。

図 3-3-2　マキシコードの例

3-3-3　QR コードおよびマイクロ QR コード

QR コードは，1994 年に国内の大手自動車会社の関連企業によって発表されたマトリックス形の二次元シンボル体系である。1999 年に JIS X 0510 が制定され，翌年には ISO/IEC 18004 が制定されている。当初はマイクロ QR コードを含めていなかったが，その後，マイクロ QR コードを含んだ規格となっている。

QR コードは，三つの位置検出パターン，タイミングパターン，いくつかの位置合わせパターン，形式情報，型番情報，データコード語，誤り訂正コード語およびシンボル周囲の *QZ*（4 モジュール幅以上）で構成されている。

マイクロ QR コードは，一つの位置検出パターン，タイミングパターン，形式情報およびシンボル周囲の *QZ*（2 モジュール幅以上）で構成されている。

図 3-3-3 に，QR コードおよびマイクロ QR コードの例を示す。

第 3 章　二次元シンボル体系

図 3-3-3　QR コードおよびマイクロ QR コードの例

　QR コードは，先行する二次元シンボル体系の長所を採り入れ，多彩なキャラクタ表現に加えて，特に漢字の表現を効率よく可能にしたシンボル体系である。誤り訂正レベルは，L（7%），M（15%），Q（25%）および H（30%）の 4 種類があり，ユーザが自由に選択できる。また，データ量が多い場合は，16 個までの QR コードに分割することができる。

　マイクロ QR コードは，符号化できる文字種類を制限し，4 種類の大きさをもつシンボル体系である。誤り訂正レベルは，11×11 モジュールのシンボルが誤り検出だけ，13×13 および 15×15 モジュールが L（7%）および M（15%）の 2 種類，17×17 モジュールが L，M および Q（25%）の 3 種類である。

3-3-4　アズテックコード

　アズテックコード（*aztec code*）は，1995 年にアメリカの医療関連メーカのバーコードリーダ部門で開発され，2008 年に ISO/IEC 規格になったマトリックス形の二次元シンボル体系である（JIS は制定されていない）。

　フルレンジ（**図 3-3-4-1 右図**）とコンパクト（**図 3-3-4-1 左図**）の 2 種類がある。ファインダパターンは，シンボルの中心に，フルレンジが四重であり，コンパクトが三重の正方形を配置し，その周辺に方向指示パターンおよびデータを配置する構造である。フルレンジは，誤り訂正レベルを 5 〜 95% の間で自由に選択できる，クワイエットゾーンが必要ない，GS1-128 エミュレーションが可能，特殊パターン（ルーン：*runes*，**図 3-3-4-2**）による高速仕分け処理に適しているなどの特徴がある。

コンパクト　　　　　　　フルレンジ

図 3-3-4-1　アズテックコードの例

0　　　25　　　125　　　255

図 3-3-4-2　アズテックルーンの例

3-4　二次元シンボル体系の活用法

　ここでは，一般的なアプリケーションで二次元シンボル体系を上手に活用するための注意点を解説する。

3-4-1　符号化可能な情報量

　二次元シンボル体系は，一次元シンボル体系に比べて100倍程度の情報を表現することができる（マキシコードを除く）。多くの情報を表現する用途としては，大容量データファイルとしての利用法がある。例えば，身分証，免許証，納品書，受領書，契約書などの内容を符号化するペーパEDIとしての用途である。

　このような用途の場合，すべてのデータを数字だけで表すことは少ない。住所，氏名，企業名，商品名などは，その国の言語で記載するのが普通である。国際的に共通した利用では英語であるが，その国の国内では，自国の言語を用いるのが一般的である。

3-4-2 情報密度

二次元シンボル体系は，一次元シンボル体系と比べると10倍以上の情報密度がある（マキシコードを除く）。これにより，同じ情報量であれば，1/10以下の面積で情報を表すことができる。一次元シンボル体系では利用することができなかった用途でも，二次元シンボル体系ならば可能になる。例えば，宝石などの貴金属商品に小さなタグを付ける用途は，二次元シンボル体系が適している。

3-4-3 読取速度

二次元シンボル体系は，マルチローシンボル体系とマトリックスシンボル体系に分類される。高速読みには，マトリックスシンボル体系の方が適している。これは，シンボル体系に起因する場合およびリーダの特性に起因する場合がある。マトリックスシンボル体系は，通常，小形カメラを搭載したリーダで読む。マルチローシンボル体系は，レーザ式リーダまたはリニアイメージャを用いて，人がリーダを操作して読むのが一般的である。もちろん，小形カメラを搭載したリーダでも読むことができる。

3-4-4 誤り訂正

二次元シンボル体系の機能の中で，一次元シンボル体系にはない機能の一つに，リーダでの誤り訂正を可能にする機能がある（3-1-3「誤り検出および自動誤り訂正」参照）。誤り訂正機能は，シンボルが汚れなどによって一部欠損した場合でも，残った領域の中から読むことができたデータを解析し，読めなかった部分のデータを復元する機能である。

二次元シンボル体系は，一次元シンボル体系のように，人が読める可読文字を印字することは困難である。したがって，シンボルが汚れ，欠損などで読めなかった場合のリカバリ手段として，誤り訂正機能は重要である。シンボル体系の種類によって誤り訂正率は異なるが，シンボル体系を選択する条件として，誤り訂正の大小だけを比較することは好ましいことではない。誤り訂正率を大きくすると，シンボルが大きくなるからである。したがって，使用環境条件に適した誤り訂正率を設定するのが望ましい。

3-4-5　ファインダパターンの欠損

　当初，ISO/IECがマトリックス形二次元シンボル体系を規格化する過程で，ファインダパターンの欠損率を規定する提案がされたが，不採用になった。二次元シンボル体系のファインダパターンは，単純にファインダパターンの面積に対する欠損率を規定すると，シンボル体系そのものを差別することにつながり，好ましくないというのがその理由であった。その後も断続的に検討され，現在では，シンボル体系ごとにファインダパターンの欠損率が規定されている。

　ある程度のデータの欠損は誤り訂正機能で復元できるが，ファインダパターンは復元できない。ISO/IECの議論を踏まえ，シンボルの開発会社はファインダパターンの欠損について取り組み，ファインダパターンがある程度欠損しても読めるような工夫がされている。なお，ファインダパターンの欠損は読取速度に大きく影響するので，二次元シンボル体系を利用する場合は，ファインダパターンの欠損について十分に注意する必要がある。

3-4-6　暗号化

　二次元シンボル体系は，一次元シンボル体系に比べて情報暗号化のセキュリティレベルを高めることが容易にできる。これは，表すことができる情報の種類が多いことが最大の要因である。したがって，いままでの一次元シンボル体系のオープン環境での用途に加えて，多少セキュリティが必要な用途での利用には，二次元シンボル体系が適しているといえる。

基本編

第 4 章

バーコードプリンタ

4-1　バーコードプリンタの基礎
4-2　バーコードプリンタの種類および特徴
4-3　バーコードプリンタ用消耗品
4-4　バーコードソースマーキング
4-5　バーコード印字品質試験仕様
4-6　バーコード印字品質検証器
4-7　バーコードプリンタ印字性能評価
4-8　バーコードプリンタの活用法

Summary

　バーコードプリンタとは，データをバーコード画像に変換できる機能を内蔵している印字装置をいう。
　個人用および一般事務用のプリンタは人間が読むために印字するが，バーコードプリンタは機械が光学的に読めるように印字しなければならない。バーコードプリンタに要求される主な仕様項目は，①エレメントまたはセルの寸法精度，②赤色光に対する明暗反射率差，③ボイドおよびスポットの程度，④印字品質の経年劣化などである。
　ここでは，バーコードプリンタの概要について解説する。

基本編

4-1 バーコードプリンタの基礎

バーコードシンボルを印字[1]するには，印字媒体に，何らかの方法で明暗差を付けなければならない。この明暗差は，波長が 650 nm 近辺の赤い光を照射したときの反射率差である。

バーコードプリンタで用いる主な発色方法には，次の (a)～(h) がある。

(a) 感圧紙

圧力を加えることによって発色する印字媒体であり，カーボン紙と感圧紙がある（**写真 4-1-a**）。一般に，圧力はワイヤードットピーンで加える。同じバーコードを複数枚印字するような用途には便利であるが，バーコードの高印字品質は望めない。

写真 4-1-a　感圧紙を用いた印字例

(b) インクリボン

インクリボンには，布にインクを滲み込ませたファブリックリボンと，フィルムにインクを塗布したサーマルインクリボンとがある。

ファブリックリボンは，ループ状（メビウスの輪状にすると長持ちする）にするか搬送方向を逆転させることで，印字が薄くなるまで（インクが少なくなるまで）繰り返し用いることができる。一般に，ワイヤードットピーンで圧力を加えることによって，インクを紙に転写する。したがって，高印字品質が望めないためバーコード印字には向かない。

図 4-1-b1 に，ファブリックリボンの基本的な構造例を示す。

---

[1] 印字（*print*）とは，バーコードプリンタを用いてインクを受容紙またはラベルに転写し，バーコードなどを表示することである。

第 4 章　バーコードプリンタ

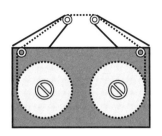

図 4-1-b1　ファブリックリボンの構造例

　サーマルインクリボン（単にインクリボンともいう）は，フィルムの片面に熱溶融インクを塗布したものである。**図 4-1-b2**に，サーマルインクリボンの基本的な構造例を示す。ワックスと樹脂との混合割合によって，ワックス系，ワックスレジン系およびレジン系の三つに分類することができる。
　サーマルプリントヘッドで必要な部分に熱を加えることによって，受容紙またはラベルにインクを転写する。一般に，再使用できない消耗品である。

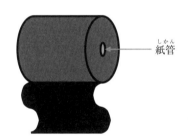

図 4-1-b2　サーマルインクリボンの構造例

(c) インク

　インクジェットプリンタ用のインクには，染料系と顔料系の2種類がある。一般に，染料系インクが受容紙（上質紙，段ボールのライナー紙など）に着弾すると，インクが紙の繊維に滲み込んで広がり，滲みを生じる。一方，顔料系インクは，受容紙に着弾しても乾燥までに時間がかかる。最近の工業用インクジェットプリンタでは，UV（紫外線）硬化形インクを用いるようになってきている。

基本編

(d) 感熱紙

　感熱紙は感圧紙に似ているが，発色時に加えるのは圧力ではなく，熱を加えることによって発色する。また，熱を加えることで発色する媒体には，書換えが可能な媒体（リライタブルメディア）もある。

(e) トナー

　電子写真式プリンタで用いるトナー（帯電しやすいプラスチックなどの樹脂，カーボン，ワックスなどを混合した微粒子）であり，一粒の直径は数ミクロンである。

(f) ダイレクトマーキング

　金属，樹脂，個装箱などに，スタイラス，レーザ，化学的エッチングなどの技術によって，直接，二次元シンボルなどをマーキングする方式である。発色というよりも凹凸などで影を作る，媒体の表面を焼き切り背面を露出させる，媒体の表面を溶解させて背面を露出させるなどによってコントラストを得る方式である。二次元シンボルなどを表示した場合の読取技術は，現在では確立されていない。

(g) 電子ペーパ

　電子ペーパは表示デバイスであるが，表示エネルギー（電気）を断ち切っても濃淡を維持することから，「発色の仕組み」に加えた。

　ペーパライクディスプレイには，サーマルリライタブル形，マイクロカプセル電気泳動形，インプレーン電気泳動形，電解析出・溶解形，ツイスティングボール形，トナーディスプレイ形，電子粉流体形などがある。

(h) モバイル二次元シンボル

　電子ペーパと似ているが，携帯電話，ポインティングデバイス，モバイル端末機などに，インターネットのURLなどを符号化したバーコードシンボルを表示したものをいう。

4-2 バーコードプリンタの種類および特徴

ここでは、バーコードプリンタの種類を大きく分類して解説する。

4-2-1 感熱式プリンタ

感熱紙を用いるプリンタであり、ノンインパクトプリンタ方式に属する。構造が比較的簡単なことから、携帯用プリンタ、FAX、券売機、レシート発行プリンタなどの用途として用いられている。また、インクリボンを使わないことから、運用コストが比較的安くなる、環境に優しい、保守サービスがしやすい、電池駆動が可能などの特長がある。その反面、感熱紙は、印字後の品質が時間とともに劣化するなどの短所もある。特に、直射日光、紫外線などによる影響が大きい。

感熱式プリンタの特徴の一つとして、高速印字を挙げることができる。

日本では、ロイコ染料を用いた書換え可能な感熱フィルムが発表され、広い産業で実用されている。これは、熱を制御して加えることによって、発色および消去を繰り返すことが可能な媒体である。書換えができる他のデータキャリア（RFIDなど）と併用することによって、リライタブルハイブリッドメディア（RHM）となり、用途が大幅に広がっている。

4-2-2 熱転写式プリンタ

熱転写式プリンタは、サーマルインクリボンのインク層を熱で溶融し、記録媒体（上質紙、コート紙、合成紙、フィルムなど）に転写させるプリンタであり、感熱式プリンタにはないインクリボン駆動機構が必要である。感熱方式と比較したトータル運用コストは、使い捨てのインクリボンを用いることから割高である。多くの熱転写式プリンタは、インクリボンを外し感熱紙を装填すれば、感熱式プリンタとしても使用可能である。

印字後の耐性は、適正なサーマルインクリボンおよび受容紙を組み合わせることによって、耐擦過性、耐熱性、耐退色性、耐油性、耐薬品性などを向上させることができる。

4-2-3 インクジェット式プリンタ

細いノズルから，微小なインク粒子を噴射させて印字する方式である。この方式には，単一ノズルの電子偏向式，複数ノズルのサーマルインクジェット式および複数ノズルのピエゾ素子式の3種類がある。

インクジェット方式は，低価格でフルカラー印字が可能であるが，バーコードを高印字品質で印字するには，光沢紙などの専用紙が必要となる。また，感熱式プリンタおよび熱転写式プリンタに比べて，ラベルなどの発行速度が遅いため，大量発行には不向きである。

4-2-4 電子写真式プリンタ

電子写真式プリンタは，走査形レーザやリニアLED（*light emitting diode*）素子を利用して感光体に静電画像を作成し，その画像に対してトナーを付着させ，それを熱と圧力で紙に転写して印字する方式である。

一般的な長所として，高速印字と高品質印字が可能である，普通紙に印字できる，印字後の耐久性に優れている，低騒音などがある。一般的な短所には，装置本体が大きくて重い，消費電力が大きい，高価である，高価な消耗品を必要とする，などがある。

4-3 バーコードプリンタ用消耗品

バーコードプリンタで用いる主な消耗品は，印字方式および発色方式によって異なるが，表4-3のようにまとめることができる。

表4-3　バーコードプリンタに必要な消耗品

印字方式	発色方法	主な消耗品（機構部品を除く）
インパクト式（接触式）	感圧	感圧紙，カーボン紙，布インクリボン
	ダイレクトマーキング	スタイラス❶（ピーン），電解液❷
ノンインパクト式（非接触式）	感熱	感熱紙，感熱ラベル，サーマルプリントヘッド❸
	熱転写	サーマルインクリボン，受容紙❹，ラベル❺，サーマルプリントヘッド
	インクジェット	インク，受容紙，ラベル
	電子写真	トナー，受容紙，ラベル，感光ドラム

4-4　バーコードソースマーキング

　同じバーコードを大量に印刷❻することを，ソースマーキングと呼ぶ。JAN-13シンボルを，飲料水などの一般消費財に表示している例が最も多い。

　一般に，ソースマーキング印刷工程には，バーコードマスタを版下として印刷版（活版）を作製し，大形の印刷機で印刷する（一般に，商用印刷と呼ぶ）。

　商用印刷の印刷方式には，印刷版の方式で分類すると，①凸版印刷（フレキソ印刷），②凹版印刷（グラビア印刷），③平版印刷（オフセット印刷），④孔版印刷（スクリーン印刷）の4種類がある。また，印圧で分類すると①平圧方式，②円圧方式，③輪転方式の3種類がある。

　バーコードを高品質で印刷するには，平版印刷と平圧方式との組合せが最も適している。

---

❶**スタイラス**（*stylus*）は，ドットピーン（*dot peen*）ともいい，ダイレクトマーキングで用いるパーツの一つである。
❷**電解液**は，プリント基板などをエッチング処理するときに用いる。
❸**サーマルプリントヘッド**は，微小な発熱抵抗体を直線状に並べた電子部品であり，感熱式プリンタ，熱転写式プリンタなどで用いる。
❹**受容紙**には普通紙，上質紙，コート紙，アート紙（および光沢紙），合成紙，フィルムなどがある。
❺**ラベル**は，裏面に粘着剤が塗布された受容紙である。
❻**印刷**（*printing, graphic arts*）とは，印刷版とインクとを用いてバーコードなどを刷り上げることをいう。

基本編

4-5 バーコード印字品質試験仕様

　一次元シンボル体系および二次元シンボル体系を用いたシステムでは，高信頼性システムを維持するために，シンボルの印字品質管理が重要である。印字品質管理を怠ると，読みづらい，間違えて読む，読まない，などで大きなストレスになるばかりでなく，システム稼働率の低下，クレーム対策費用および損害賠償費用の増大，企業の社会的信用を損なう，などの問題が生じる。

　アメリカで一次元シンボル体系が開発された当時のバーコードリーダは，He-Ne レーザ式であった。したがって，一次元シンボル用の印字品質試験仕様も，He-Ne レーザ技術に基づいた仕様であった。当時は，アメリカの規格協会に相当する ANSI が ANSI X3.182 という規格を作り，その規格が現在でも世界の基準になっている。バーコード印字品質試験仕様は，一次元シンボル用が JIS X 0520（ISO/IEC 15416），二次元シンボル用が JIS X 0526（ISO/IEC 15415）である（二次元シンボル用の印字品質試験仕様については，専門編で解説する）。これらの規格は，バーコードリーダがバーコードシンボルを読むときの**読み易さの度合い**を，**表 4-5** に示す 5 段階のグレードで評価する方法を規定している。

表 4-5　印字品質総合グレード

印字品質総合グレード	数字グレード範囲	説　明
A	3.5 ～ 4.0	最高グレード。どのようなリーダでも 1 回の走査で読めるグレード
B	2.5 ～ 3.4	シンボルの同じ箇所を複数回走査することで読めるグレード
C	1.5 ～ 2.4	シンボル全体を満遍なく 1 回走査することで読めるグレード
D	0.5 ～ 1.4	シンボル全体を満遍なく複数回走査することで読めるグレード。読めないリーダもある。
F	0.0 ～ 0.4	欠陥シンボル。システムの信頼性を損ねる危険性がある。通常は，読んではならないグレード

4-6　バーコード印字品質検証器

一次元シンボルの印字品質検査は，JIS X 0521-1（ISO/IEC 15426-1）の規定に適合した検証器を用いて行わなければならない。

二次元シンボルの印字品質検査は，ISO/IEC 15426-2（JISは制定されていない）の規定に適合した検証器を用いて行わなければならない。

これらの検証器は，4-5「バーコード印字品質試験仕様」に基づいて品質評価を行う。

バーコード印字品質検証器は，印字⇒流通⇒読取りの過程で生じたトラブルが，どの時点で生じたのかを探すのにも役立つ。

4-7　バーコードプリンタ印字性能評価

バーコードプリンタの印字性能評価は，JIS X 0527（ISO/IEC規格はない）に規定されている「標準画像」を印字して行う。

4-7-1　最小印字分解能

バーコードプリンタの最小印字分解能は，徐々にエレメントを細く，またはモジュールを小さく印字し，指定されたバーコードの印字品質総合グレードが"1.5（C）"以上になる条件で，エレメントまたはモジュールの寸法をどこまで細く，またはどこまで小さく印字できるかで求める。したがって，サーマルプリントヘッドの分解能が，そのまま最小印字分解能にならない場合がある。デジタル画像化方式でバーコードを印字するときは，ドット/インチ（dpi）を単位とする。

4-7-2　最大印字速度

バーコードプリンタの最大印字速度は，印字速度試験に適した消耗品を選択してプリンタにセットし，徐々に印字速度を早くしながら，指定されたバーコードの印字品質総合グレードが"1.5（C）"以上になる条件で，最も早い速度として求める。したがって，プリンタの受容紙搬送速度の最大値が最大印字速度に

基本編

ならない場合がある。単位は，mm/秒である。

4-8 バーコードプリンタの活用法

バーコードプリンタの上手な活用法として，一次元シンボルおよび二次元シンボルを印字するバーコードプリンタの選択基準を，次の (a)～(i) に示す。

(a) 受容紙またはラベルのサイズ

印字内容，表示可能面積によってラベルまたは受容紙のサイズを決定する。

(b) 受容紙またはラベルの材質

印字後の品質保持（耐擦過性，耐水性，耐薬品性など）および用途，運用（貼付けまたは再剥離の有無）を考慮して，受容紙またはラベルの材質を選ぶ。

(c) 最小印字分解能

印字面積およびデータ量を考慮して，適切な最小印字分解能のプリンタを選ぶ。

(d) 発行量

時間当たりの発行量が多い場合は，スループット（データを受信してから発行が終了するまでの時間）が短かく，大量データを高速に受信でき，しかも堅牢なプリンタを選ぶ。また，消耗品の交換頻度も考慮する必要がある。

(e) インタフェース

バーコードプリンタには，主に次のインタフェースがあるが，要求されるアプリケーションに適したものを選ぶ。

- ・IEEE 1284（セントロニクス：パラレルポート）
- ・RS-232C（シリアルポート）
- ・LAN（無線 LAN を含む）
- ・USB（シリアルポートエミュレーション）

(f) 運用

バーコードプリンタは，一般に PC と接続して用いるが，場合によっては，モバイル PC とモバイルプリンタとを接続する場合もある。また，PC を用いずにスタンドアロン形として用いる場合もある。

(g) 発行アプリケーション

プリンタの機種に対応したコマンドによって発行する場合と，PC で用いて

いる OS のプリンタドライバを用いる場合とがある。

(h) **オプションの有無**

必要であればカッタ，剥離，巻取機などのオプションを選ぶ。

(i) **二次元シンボルを印字するときの注意**

二次元シンボルは，自動誤り訂正機能を伴って大きな情報を符号化できるが，その反面，可読文字を印字することが困難である（二次元シンボルの特徴を損なってしまう）。このため印字後に，シンボルが誤り訂正能力以上に損傷して読めなくなったときの回避ができなくなる可能性がある。このような事態を防ぐために，次の点に留意が必要である。

・誤り訂正レベルを高くして，読取り不能の確率を少なくする（この場合はシンボルが大きくなる）。
・シンボルに，汚れ，傷，破れなどが生じないように，利用環境を整える。

基本編

第 5 章

バーコードリーダ

5-1　バーコードリーダの基礎
5-2　バーコードリーダの種類および特徴
5-3　バーコードリーダの共通読取原理
5-4　インタフェース
5-5　バーコードリーダの読取性能評価仕様
5-6　バーコードリーダの活用法

Summary

　バーコードリーダは，読取対象物からの拡散反射光を受けて，光学的に読んでいる。照明光源の色は古くから赤を用いたが，最近では，照明光源がないものや白色光源を用いるものもある。
　多くの種類のリーダがあるが，基本的な読取原理はどれも同じである。
　目的とするアプリケーション仕様に合ったリーダを選ぶことで，システムの信頼性が増し，運用コストが軽減できる。
　ここでは，リーダの基礎，リーダの種類，読取原理，リーダ特有のインタフェースなどを解説する。

基本編

5-1 バーコードリーダの基礎

ここでは，バーコードリーダの歴史，照明光源などについて解説する。

5-1-1 バーコードリーダの歴史

一次元シンボルがこの世に誕生してから，50年になろうとしている。約50年前からバーコードがあったということは，当然，バーコードリーダ（以後，リーダという）もその当時からあったことになる。最初のPOS用リーダの大きさは，1970年代のスーパーマーケットのショーケースほどの大きさであったという。莫大な消費電力と発熱量だったようで，決して今話題の「エコ」ではなかった。その後，改良が重ねられて，現在ではゴルフボールの中に納まってしまうほどの大きさ，軽さであり，当時のリーダに比べて，リーダシステムの体積，消費電力，発熱量などは1/2 000以下になっていると思われる。逆に，システムの性能，機能，信頼性などは，10 000倍以上になっていると思われる。

1970年代のアメリカでは，He-Neガスのレーザ管を用いたリーダを競って開発した。物流仕分けライン用の固定式リーダでは，レーザ管を複数本用いた製品（たたみ一畳ほどの面積）や，レーザ管を内蔵した手持ち式のガンタイプリーダも発表された。この手持ち式ガンタイプリーダは，強力な特許を保有しており，日本のメーカがアメリカに進出することを困難にした。一方，He-Neレーザ管を用いたPOS用のリーダも，同時期に開発されている。開発当初のPOS用リーダは，今のPOSレジカウンタほどの大きさであった。He-Neレーザ管は，寿命が短い，振動に弱い，高価であったために，運用コストは高かった。

1980年代になると，アメリカおよび日本から赤外線半導体レーザを用いた手持ち式のリーダが発表された。このリーダに用いた赤外線半導体レーザは，日本でコンパクトディスク（CD）に用いていたものであった。赤外線レーザリーダで感熱紙に印字したバーコードを読むと，反射光の変化が少な過ぎて読むことができなかった。その後，可視光半導体レーザ（赤色）を用いるようになって，この問題は解決された。

この頃の日本では，すでに電荷結合素子（CCD）を用いたタッチ式リーダが主流であった。照明光の光源にはLED（赤色）を用いており，コンビニなどで，商品にソースマーキング（またはラベル貼付）しているバーコードに接

触させて読んでいた。レーザ式に比べて機械的な可動部品がないため長寿命が期待されたが，インタフェースケーブルなどの障害についてはレーザ式と同程度であった。

1990年代になると，二次元シンボル用のリーダが登場する。最初は，マルチローシンボル体系のPDF417用のリーダである。このシンボルは一次元シンボルを多段にしたシンボルであったため，リーダも一次元シンボル用のリーダと同じレーザ式であった。マトリックスシンボル体系用のリーダはデジタル式の小形カメラを内蔵しており，一旦，シンボルを画像として取り込み，デジタル処理（ノイズフィルタ，ゆがみ補正，位置検出パターンの確認，自動誤り訂正など）をして読むことから，高速処理ができるRISC（*reduced instruction set computer*：縮小命令セットコンピュータ），DSP（*digital signal processor*：デジタル信号処理）などを用いている。

2000年代になると，二次元用リーダも小形モジュール化され，ハンディターミナルなどの携帯端末機と一体化したもの（バーコードターミナル）も製品化されている。また，携帯電話に内蔵したカメラを用いて，一次元シンボルおよび二次元シンボルを読むことも日常的に行われるようになった。

5-1-2　バーコードの色とリーダ照明光との関係

光の反射には正反射と拡散反射があるが，リーダがバーコードを読むには拡散反射が必要である。正反射，吸収および透過の場合は，通常，リーダがバーコードを読むことはできない。

図5-1-2-1に，光の反射，吸収の様子を示す。

（正反射）　　　（拡散反射）　　　（吸収）　　　（透過）

図5-1-2-1　光の反射，吸収の様子

リーダの光源は，一般に赤色LEDまたは赤色レーザを用いる。人の目でシンボルを識別できても，リーダでは識別できない場合がある。例えば，白い背景（赤を反射する）に赤（赤を反射する）でバーを印字しても，シンボルコン

トラストが得られずに読むことができない。また，白く見える物体は，赤を含むすべての可視光を反射するので白く見え，黒く見える物体は，赤を含むすべての可視光を吸収してしまい，反射する光がない（少ない）ことを表している。

図 5-1-2-2 に，コントラストが大きい場合とコントラストが小さい場合との例を示す。

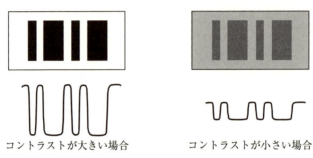

図 5-1-2-2　コントラストとアナログ波形

5-1-3　照明光源の種類

国内で用いられているリーダの照明光源として最も多いのが，LED（*light emitting diode*）である。リニア CCD 式リーダの照明光源，二次元シンボル用リーダの照明光源，モバイル端末に内蔵するカメラの補助光源などで多用されている。一般に，640 ～ 660 nm 程度の赤色であるが，モバイル端末などでは白色光を用いる場合もある。次に多いのが赤色レーザである。赤色レーザは，照明光源以外の用途で用いられる場合がある。それは，エイミングパターン（読む位置または範囲を操作者に知らせるパターン）である。

大形の固定式リーダなどでは，外部照明光を用いる場合がある。このケースでは，水銀灯，ハロゲンランプ，LED 集合灯などがある。

5-1-4　走査（スキャン）の種類

バーコードリーダがバーコードシンボルを読むには，何らかの方法でシンボルを走査（*scan*：スキャン）する必要がある。走査方式には，次の 3 種類がある。
①手動走査：手に持って操作するペン式リーダ，半固定式のスロット式リーダ
②電子的走査：CCD 式リーダおよび C-MOS 式リーダ

③機械的操作：振動ミラー，多角形ミラーを内蔵したレーザ式リーダ（多くの走査パターンがある）

5-1-5　受光素子の種類

リーダで用いる受光センサには，フォトダイオード（*photodiode*），フォトトランジスタ（*photo transistor*），リニアCCD（またはC-MOS），エリアCCD（またはC-MOS）などがある。

受光素子の前段には，一般に，余分な光（外乱光など）を除去するための光学フィルタを備えている。

5-1-6　アナログ信号とデジタル信号

レーザ式リーダの場合，シンボル面を点光源で走査すると，シンボル表面からの拡散反射光がリーダの受光センサに戻ってくる。この光の強弱は，本来，なだらかで無限の分解能をもったアナログ信号である。また，CCD/C-MOSで走査する場合は，階段状の階調を伴ったアナログ信号になる。リーダの復号部では，エレント幅またはモジュール幅をデジタル信号として扱うために，A/D変換（*analog to digital convert*）をしなければならない。

5-1-7　サンプリング

A/D変換によって2値化された後は，各エレメント（またはモジュール）幅比を測定しなければならない。リーダの中でエレメント幅を測定するには，一般に，「各エレメント幅の中にいくつのサンプリングクロックが入るか」によって測定する。A/D変換器の速度が速い（サンプリング回数が多い）ほどエレメント幅を正確に測定できるが，データ量が増えるため，適正な値にしなければならない。

5-1-8　2値化

バーコードリーダの復号部では，エレメントまたはモジュールをデジタル信号として扱うため，**5-1-7**（サンプリング）で得た数字列を基に，隣接する数字どうしを比較しながら最高値と最小値を探し出し，その中間点の数字の場所を閾値として，エレメントまたはモジュール幅を2値化データとして得る。

基本編

5-1-9 復号アルゴリズム

　JIS（コーダバーを除く）および ISO/IEC 規格の一次元シンボル体系および二次元シンボル体系は，参照復号アルゴリズム（*reference decode algorithm*）を規定している。この規定は，バーコード印字品質検証器が評価する「復号容易度」を測定するときに用いる（したがって，リーダの復号アルゴリズムと同一でない可能性がある）。

　リーダは，サンプリングによって得たエレメント幅（またはモジュール幅）を基にして，復号アルゴリズムによって各種自己チェックをしながら復号を試み，正しいデータとして確認できれば，インタフェースを通じてホストにデータを送信する。

5-2　バーコードリーダの種類および特徴

　ここでは，バーコードリーダの種類を大きく分類して解説する。

5-2-1　ペン式リーダ

　ペンのような形状をしたバーコードリーダであり，照明光源には一つの LED を用い，受光素子にはフォトダイオードまたはフォトトランジスタを用いる。手に持って操作することから，手動式走査に分類される。

　少し前までは復号機能を備えていないタイプもあったが，現状では復号機能を内蔵したタイプが主流である。

　主な用途は，リーダモジュールを内蔵していないハンディターミナルに，外付けリーダとして用いられていた。国際的には，ワンド（*wand*：棒）と呼ばれている。

　構造が簡単，低消費電力，軽量，低コストなどの特徴がある。

5-2-2　手持ち式リーダ

　手に持って操作する（ペン式リーダを除く）バーコードリーダであり，照明光源にはレーザを用いるものと，複数の LED を用いるものの2種類がある。

　レーザを用いるものは，受光素子がフォトダイオードまたはフォトトランジ

スタである。

　LED を用いるものは，受光素子が CCD または C-MOS である。

　レーザを用いるものは機械式走査に分類され，LED を用いるものは電子式走査に分類される。

　用途は，特定分野がなく，広い分野で用いられている。

　LED を用いるものは，機械的な部品が少なく，比較的，構造が簡単である。

　レーザを用いるものは，走査のために，ミラーを振動させる機構または回転ミラー機構を備えているため，構造が複雑である。

5-2-3　定置式リーダ

　机やカウンターの上に置いて用いるタイプのリーダであるが，場合によっては，手に持って操作する場合もある。照明光源には，レーザまたは複数の LED を用いるものの 2 種類がある。

　レーザを用いるものは，受光素子がフォトダイオードまたはフォトトランジスタである。

　複数の LED を用いるものは，受光素子が CCD または C-MOS である。

　レーザを用いるものは機械式走査に分類され，LED を用いるものは電子式走査に分類される。

　用途は，専門店 POS 用が最も多く，図書館，その他一般で用いられている。

　レーザを用いるものは，複数の走査線を照射するために，多角形ミラーと複数のミラーを備えていて，構造が複雑である。

5-2-4　固定式リーダ

　コンベアなどに固定したり，カウンターなどに組み込んで用いるリーダであり，照明光源には，リーダから照射するレーザ，複数 LED および外部光源を用いるものの 3 種類がある。

　レーザを用いるものは，受光素子がフォトダイオードまたはフォトトランジスタである。

　LED を用いるものは，受光素子が CCD または C-MOS である。

　外部照明には，LED の集合体，ハロゲンランプなどがある。レーザを用いるものは機械式走査に分類され，LED および外部照明を用いるものは電子式走査に分類される。

基本編

5-3 バーコードリーダの共通読取原理

リーダの基本構成は，シンボルを照明する光源，シンボルからの拡散反射光を受光する光学系および受光素子，受光素子からの信号をデジタル化するA/D変換部，デジタル信号を復号する復号部，全体を制御する制御部などである。また，基本構成以外に，接続するホストとのインタフェース，マンマシンインタフェース（表示，ブザー，振動など），電源部などの付加機能も搭載している。現状では，リーダの種類が異なっても，これらの基本的な構成要素が変わることはない。

図5-3に，リーダの共通読取原理を示す。

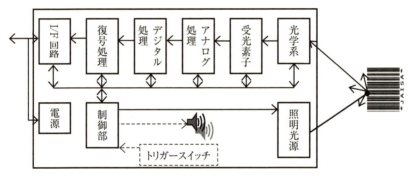

図5-3　リーダの共通読取原理

5-4 インタフェース

接続するホストとのインタフェースは，アプリケーションによって異なる。

POS用であれば，古くはOCIA（*optical coupled interface adapter*：光結合インタフェース）であったが，最近では，TTL［*transistor transistor logic*（またはC-MOS）］シリアル，RS-232C（*recommended standard-232C*），USB（*universal serial bus*）などが多い。海外製のPOSに接続する場合は，POSメーカ専用のスキャナポート（例えば，IBM社の場合，5B，9B，17など）がある。

FA用途などでシーケンサに接続する場合は，RS-232C，RS-422およびRS-

485が一般的である。

　市販のPCに接続する場合は，RS-232C，キーボード割込み，USB（シリアルポートまたはキーボードエミュレーション），無線などがある。

　携帯端末機などに接続する場合は，ワンドエミュレーションで接続する場合がある。

5-5　バーコードリーダの読取性能評価仕様

　バーコード読取性能評価試験は，JIS X 0527（ISO/IEC規格はない）の規定によって行わなければならない。評価試験は，規定されている読取評価試験用テストチャートを用いて行わなければならない。JIS X 0522-1（ISO/IEC 15423-1）およびISO/IEC 15423-2と合わせて評価してもいいが，JIS X 0522-1およびISO/IEC 15423-2で規定している評価試験用チャートは，国内および海外でも入手することが困難である。

　評価可能な試験項目を，次に示す。
①読取速度，読取範囲および読取角度
②シンボルコントラスト（暗反射率変化および明反射率変化）
③モジュレーション
④欠陥
⑤復号容易度
⑥固定パターン損傷
⑦格子の非均一性
⑧軸の非均一性
⑨未使用誤り訂正
　上記②～⑨は，品質グレードA，B，C，Dを判定できる。

5-6　バーコードリーダの活用法

　シンボルは，リーダで読まれるために印字する。印字品質は，リーダが誤って読むことのないように，高品質でなければならない。なぜならば，リーダが

基本編

シンボルを間違えて読むのは，シンボルの印字品質が低いことが主な原因だからである。ただし，高印字品質のシンボルでも，リーダの読取設定によっては誤って読む場合がある。

リーダを用いる場合は，アプリケーションに適したリーダを選択し，リーダのコンフィグレーション（**表 10-4** 参照）を適切に設定しなければならない。

5-6-1 読み誤り

シンボルを作成した時点で高印字品質であっても，流通過程や繰り返して用いている間に汚れ，擦れ，水滴，退色などによって品質は劣化する。リーダがこのようなシンボルを読んだとき，シンボルに符号化しているデータとは異なったデータとして読んでしまう場合がある（読み誤りは誤読ともいう）。

POS用リーダおよび物流用リーダのように，分割読み❶をするリーダでは，ショートスキャンによって"桁落ち"❷する場合がある。

リーダを，「複数のシンボルを読む」ように設定していると，読もうとしたシンボルとは別のシンボルとして読む場合がある。例えば，JAN-13のインストアマーキングなどで，先頭キャラクタを0にした場合は，UPC-Aとして読む。

これらの読み誤りを防ぐには，次のようにリーダを設定するのが望ましい。

①読むシンボル体系を限定（必要以外のシンボルを読まない）する。
②読取り桁数を限定（固定または範囲指定）する。
③複数回一致読み機能を用いる。
④インタリーブド2オブ5の場合は，ベアラバーを付ける。
⑤シンボルチェックキャラクタを付けて検査する。
⑥シンボル体系識別子を付ける。

5-6-2 読取率

リーダの読取率は，読取り試行回数に対する正常読取り回数の百分率で表す。

リーダは，シンボルを読み終えると，同一のシンボルを続けて読むことがないように，照明および走査を停止する場合と，走査は継続するが一定時間，次

---

❶例えば，JAN-13シンボルの左半分と右半分とを分けて走査し，ソフトウエアで合成して読むこと。
❷シンボルに符号化しているキャラクタ数よりも少ないキャラクタ数として読んでしまうことをいう。

の読取りを禁止する場合（重複読み防止タイマ）とがある。

正常読取りとは，シンボルに符号化している内容を正しく読むこと，規定時間内に100%読むことである。

初回読取率（FRR：*first read rate*）は，トリガ開始後の最初の走査で，何回正常に読んだかを表す尺度である。通常，人間は，一つのシンボルに対して3秒以内に読まないと，ストレスになるといわれている。ストレスの少ないリーダの読取り時間は，一般に0.3秒以下とされている。

5-6-3　読取分解能

リーダの分解能は，「どれだけ細いエレメント（バーまたは暗セルとスペースまたは明セルの対）を判別できるか」の尺度である。

アプリケーションによっては，高密度シンボルが要求される場合がある。高密度シンボルでは，エレメント幅またはセル寸法が小さくなるため，分解能の高い高密度用リーダでないと読むことができない。

5-6-4　リーダの信頼性

リーダの信頼性は，性能と耐久性に大別される。性能については，特に読取性能が重要である。耐久性品質については，標準化された規格がない（一般に，MIL規格またはJISなどを参考にしている）ため，利用者がリーダを選択するときに注意が必要である。

手持ち式リーダでは，利用者が誤って床に落下させることを考慮して，落下防止策を講じることと，落下に対するリーダの耐久性の確保が必要である。リーダのカタログ記載例として，「コンクリート床上1mからの，自然落下に10回耐える」などがある。また，手持ち式リーダは，手に持って操作するため，インタフェースケーブルが常に屈曲している。この，ケーブル屈曲回数およびケーブルコネクタの挿抜回数なども，保守サービス上，重要なポイントである。

温度，湿度，防水，防砂，塵埃，洗剤を含む薬品，耐油，防爆，磁界，電界など，リーダの周囲環境にも注意が必要である。

専門編

第 6 章

一次元シンボル体系 II

- 6-1　符号化可能キャラクタ
- 6-2　シンボル幅の求め方
- 6-3　シンボルチェックキャラクタ
- 6-4　参照復号アルゴリズム
- 6-5　シンボル体系特有の特徴
- 6-6　一次元シンボル体系の信頼性と誤読

Summary

　第6章では，バーコード専門技術者を目指す方々（バーコード関連機器・ソフトウエアなどの設計部門，システムエンジニア，研究開発部門，営業サポート，コンサルタントなど）が知っていると役に立つ，一次元シンボル体系の専門技術を解説する。
　ここでは，一次元シンボル体系に特有な特徴の中で，ユーザサポートに役立つバックボーン技術について理解する。

専門編

6-1 符号化可能キャラクタ

　一次元シンボル体系で表現できるキャラクタは，シンボル体系によって異なる。可能な限り，シンボルを表示する面積を小さくしたい，表示するキャラクタの種類を増やしたい，読取りデータの信頼性を高めたいなど，互いに相反する要求がある中で一次元シンボル体系は開発された。ここでは，その技術的な内容を解説する。

6-1-1　インタリーブド2オブ5

　インタリーブド2オブ5は，キャラクタを3本の細エレメントと2本の太エレメントとで構成することから，表現できるキャラクタの種類を，組合せ $_nC_r = \dfrac{n!}{r!(n-r)!}$ によって求めることができる。例えば，$n=5$，$r=2$ の場合は，$_5C_2 = \dfrac{5 \times 4 \times 3 \times 2 \times 1}{(2 \times 1) \times (3 \times 2 \times 1)} = \dfrac{120}{12} = 10$ 種類である。この10種類をキャラクタの0～9として用いている。したがって，キャラクタを構成する要素に余裕（冗長性）がない。

　インタリーブド2オブ5は，バイナリ符号の仲間である。**表6-1-1**において，2進表示欄の数字（1，2，4，7）が2進数を表し，P欄が偶数パリティビット（*even parity bit*，この例ではwの個数が偶数個になるように付加される）を表す。キャラクタの数値は，太エレメントwに該当するバイナリ値を加えた値に等しい（0を例外とする）。バーコードリーダは，この符号化規則をチェックすることによって，読んだデータの信頼性を向上させることができる。

第 6 章　一次元シンボル体系 II

表 6-1-1　キャラクタ構成表

キャラクタ	2 進表示				
	1	2	4	7	P
0	n	n	w	w	n
1	w	n	n	n	w
2	n	w	n	n	w
3	w	w	n	n	n
4	n	n	w	n	w
5	w	n	w	n	n
6	n	w	w	n	n
7	n	n	n	n	w
8	w	n	n	w	n
9	n	w	n	w	n
スタートパターン	n	n	n	n	
ストップパターン	w	n	n		

（ここに，2 進表示欄の n は細エレメントを表し，w は太エレメントを表す。）

6-1-2　コード 39

　コード 39 は，キャラクタが 6 本の細エレメントと 3 本の太エレメントとで構成されることから，表現できるキャラクタの種類を組合せによって求めることができる。すなわち，$_9C_3 = 84$ 種類である。コード 39 は，この 84 種類の中から 44 種類（**表 6-1-2-1**）だけを用いている。選んだ 44 種類のキャラクタは，3 本の太エレメントのうち，2 本のバーエレメントと 1 本のスペースエレメントとで構成するキャラクタが 40 種類❶および 3 本ともスペースエレメントで構成するキャラクタが 4 種類である。このことは，3 本の太エレメントの条件として「バーエレメントが偶数個（白白白を含む）で構成している」（**表 6-1-2-2**）といえる。選んだキャラクタの個数が，表現可能なキャラクタの個数よりも少ないので，キャラクタを構成する要素に余裕（冗長性）があるといえる。

---

❶ 3 本の太エレメントのうち，2 本だけがバーエレメントになる組合せは $_3C_2 = 3$ 種類であり，白黒黒，黒黒白，黒白黒の三つのパターンだけである。

専門編

表6-1-2-1 コード39のキャラクタ構成表

字	b	s	b	s	b	s	b	字	b	s	b	s	b	s	b
0	n	n	w	w	n	n	n	M	w	n	w	n	n	n	n
1	w	n	n	w	n	n	w	N	n	n	n	n	w	n	w
2	n	n	w	n	n	n	w	O	w	n	n	w	n	n	n
3	w	n	w	n	n	n	n	P	n	n	w	w	n	n	n
4	n	n	n	w	n	n	w	Q	n	n	n	n	n	w	w
5	w	n	n	w	n	n	n	R	w	n	n	n	n	w	n
6	n	n	w	w	n	n	n	S	n	n	w	n	n	w	n
7	n	n	n	n	n	w	w	T	n	n	n	w	n	w	n
8	w	n	n	n	n	w	n	U	w	w	n	n	n	n	w
9	n	n	w	n	n	w	n	V	n	w	w	n	n	n	n
A	w	n	n	n	n	n	w	W	w	w	n	n	n	n	n
B	n	n	w	n	n	n	w	X	n	w	n	n	w	n	w
C	w	n	w	n	n	n	n	Y	w	w	n	n	w	n	n
D	n	n	n	n	w	w	n	Z	n	w	w	n	w	n	n
E	w	n	n	n	w	n	n	-	n	w	n	n	n	w	w
F	n	n	w	n	w	n	n	.	w	w	n	n	n	n	n
G	n	n	n	n	w	w	w	sp	n	w	w	n	n	n	n
H	w	n	n	n	w	n	n	$	n	w	n	w	n	w	n
I	n	n	w	n	w	n	n	/	n	w	n	w	n	n	w
J	n	n	n	w	w	n	n	+	n	w	n	n	n	w	n
K	w	n	n	n	n	n	w	%	n	n	n	w	n	w	n
L	n	n	w	n	n	n	w	*	n	w	n	n	w	n	w

(ここに，b, s, …は，バーエレメントおよびスペースエレメントを表す。nは
細エレメントを表し，wは太エレメントを表す。)

第6章　一次元シンボル体系 II

表6-1-2-2　バーおよびスペースに分離したキャラクタ構成表

文字	バー（2進表示）					スペース				文字	バー（2進表示）					スペース			
	1	2	4	7	p						1	2	4	7	p				
0	n	n	w	w	n	n	w	n	n	M	w	w	n	n	n	n	n	n	w
1	w	n	n	n	w	n	w	n	n	N	n	n	n	n	w	n	n	n	w
2	n	w	n	n	w	n	w	n	n	O	w	w	n	n	n	n	n	n	w
3	w	w	n	n	n	n	n	n	n	P	n	n	n	n	w	n	n	n	w
4	n	n	w	n	w	n	w	n	n	Q	n	n	n	n	n	n	n	w	w
5	w	n	w	n	n	n	n	n	n	R	w	n	n	n	w	n	n	w	n
6	n	w	w	n	n	n	n	n	n	S	n	w	n	n	w	n	n	n	w
7	n	n	n	w	w	n	w	n	n	T	n	n	n	w	w	n	w	n	n
8	w	n	n	w	n	n	n	n	n	U	w	n	n	w	n	n	n	n	n
9	n	w	n	w	n	n	n	n	n	V	n	w	n	w	n	n	n	n	n
A	w	n	n	n	n	n	n	w	n	W	w	w	n	w	n	n	n	n	n
B	n	w	n	n	n	n	n	w	n	X	n	n	n	n	n	w	n	w	n
C	w	w	n	n	n	n	n	n	n	Y	w	n	n	n	n	w	n	n	n
D	n	n	w	n	n	n	n	w	n	Z	n	w	n	n	n	w	n	n	n
E	w	n	w	n	n	n	n	n	n	-	n	n	n	n	n	w	n	w	n
F	n	w	w	n	n	n	n	n	n	.	w	n	n	n	n	w	n	n	n
G	n	n	n	w	n	n	w	n	n	sp	n	w	n	n	n	w	n	n	n
H	w	n	n	w	n	n	n	n	n	$	n	n	n	n	n	w	w	w	w
I	s	w	s	w	s	s	s	w	s	/	s	s	s	s	s	w	w	s	w
J	s	s	w	w	s	s	s	w	s	+	s	s	s	s	s	w	s	w	w
K	w	s	s	s	w	s	s	s	w	%	s	s	s	s	s	s	s	s	s
L	s	w	s	s	w	s	s	s	w	*	s	s	w	w	s	s	s	s	s

　表6-1-2-2から，コード39もバイナリ符号の仲間であることがわかる。

　コード39には，次の (a)〜(c) のような拡張機能がある。

(a) シンボル分割機能

　シンボルに符号化するデータの先頭にスペース（ASCII値20）を付加することによって，分割したシンボルであることをバーコードリーダに知らせることができる。

(b) バーコードリーダ制御機能

"$","%","+","-",".","/"の中から二つのキャラクタを選び,そのキャラクタを組み合わせて,バーコードリーダの制御（36種類まで）が可能である。

当然であるが,バーコードリーダ側のソフトウエアが,これらの文字列に対応した動作またはコンフィグレーション設定機能を備えていなければならない。

(c) full ASCII 機能

"$","%","+","/"に続けて一つの英大文字を付加すると,**表6-1-2-c**のfull ASCIIキャラクタを表示することができる。1キャラクタを二つのキャラクタを組み合わせて表現するため,シンボル幅が長くなるので注意が必要である。また,シンボルチェックキャラクタの計算は,二つのキャラクタとして計算しなければならない。

表6-1-2-c　コード39のfull ASCII符号

ASCII	コード	ASCII	コード	ASCII	コード	ASCII	コード
NUL	%U	SP	space	@	%V	`	%W
SOH	$A	!	/A	A	A	a	+A
STX	$B	"	/B	B	B	b	+B
ETX	$C	#	/C	C	C	c	+C
EOT	$D	$	/D	D	D	d	+D
ENQ	$E	%	/E	E	E	e	+E
ACK	$F	&	/F	F	F	f	+F
BEL	$G	'	/G	G	G	g	+G
BS	$H	(	/H	H	H	h	+H
HT	$I	)	/I	I	I	i	+I
LF	$J	*	/J	J	J	j	+J
VT	$K	+	/K	K	K	k	+K
FF	$L	,	/L	L	L	l	+L
CR	$M	-	-	M	M	m	+M
SO	$N	.	.	N	N	n	+N
SI	$O	/	/O	O	O	o	+O
DLE	$P	0	0	P	P	p	+P
DC1	$Q	1	1	Q	Q	q	+Q
DC2	$R	2	2	R	R	r	+R

DC3	$S	3	3	S	S	s	+S
DC4	$T	4	4	T	T	t	+T
NAK	$U	5	5	U	U	u	+U
SYN	$V	6	6	V	V	v	+V
ETB	$W	7	7	W	W	w	+W
CAN	$X	8	8	X	X	x	+X
EM	$Y	9	9	Y	T	y	+Y
SUB	$Z	:	/Z	Z	Z	z	+Z
ESC	%A	;	%F	[	%K	{	%P
FS	%B	<	%G	\	%L	|	%Q
GS	%C	=	%H	]	%M	}	%R
RS	%D	>	%I	^	%N	~	%S
US	%E	?	%J		%O	DEL	%T, %X, %Y, %Z

6-1-3 コーダバー

コーダバーは，キャラクタの第1群（"0"〜"9"，"-"，"$"）が5本の細エレメントと2本の太エレメントとで構成され，第2群（**表6-1-3**の網掛け部分，"スタートおよびストップ"，":"，"/"，"."，"+"）が4本の細エレメントと3本の太エレメントとで構成されることから，表現できるキャラクタの種類を組合せによって求めることができる。第一群が $_7C_2=21$ 種類，第二群が $_7C_3=35$ 種類である。この中で，第1群から12種類，第2群から8種類を選択して用いている（どちらも，バーエレメントの数が奇数個である）。第1群と第2群との間には共通性が少なく，一つのシンボル体系の中で，キャラクタを構成する総モジュール数が異なっている（キャラクタ幅が異なる）。まるで，二つの異なるシンボル体系を強引に合体させたようなシンボル体系である（**表6-1-3**）。

専門編

表 6-1-3 コーダバーのキャラクタ構成表

キャラクタ	b	s	b	s	b	s	b
0	n	n	n	n	n	w	w
1	n	n	n	n	w	w	n
2	n	n	n	w	n	n	w
3	w	w	n	n	n	n	n
4	n	n	w	n	n	w	n
5	w	n	n	n	n	w	n
6	n	w	n	n	n	n	w
7	n	w	n	n	w	n	n
8	n	w	w	n	n	n	n
9	w	n	w	n	n	n	n
-	n	n	n	w	w	n	n
$	n	n	w	w	n	n	n
:	w	n	n	n	w	n	w
/	w	n	w	n	n	n	w
.	w	n	w	n	w	n	n
+	n	n	w	n	w	n	w
A	n	n	w	w	n	w	n
B	n	w	n	w	n	n	w
C	n	n	n	w	n	w	w
D	n	n	n	w	w	n	n

[表 6-1-3 の網掛け部分のキャラクタを構成する総モジュール数は，他のキャラクタよりも多い（総モジュール数は，太細比によって異なる）。]

6-1-4 コード128

　コード128で表現できるキャラクタ数は，エレメント幅が4種類あるため，組合せ（${}_nC_r$）だけでは求めることができない。特別なプログラムを作成して求めると216種類を表現できることがわかるが，216種類の中でバーエレメントを構成するモジュール数が偶数個である105種類（ストップキャラクタを除く）をキャラクタとして用いている。このことによって，バーコードリーダで読むときに，シンボルの自己チェック機能が働き，誤読に対する信頼性を向上させている。同じ値のキャラクタを，三つのコードセットの中に異なるキャラクタ

第 6 章　一次元シンボル体系 II

として符号化している．表 6-1-4 に，コード 128 のキャラクタ構成を示す．

表 6-1-4　コード 128 のキャラクタ構成表

値	CODE A	CODE B	CODE C	エレメント幅（X の倍数）					
				b	s	b	s	b	s	b
0	SP	SP	00	2	1	2	2	2	2	
1	!	!	01	2	2	2	1	2	2	
2	"	"	02	2	2	2	2	2	1	
3	#	#	03	1	2	1	2	2	3	
4	$	$	04	1	2	1	3	2	2	
5	%	%	05	1	3	1	2	2	2	
6	&	&	06	1	2	2	2	1	3	
7	'	'	07	1	2	2	3	1	2	
8	(	(	08	1	3	2	2	1	2	
9	)	)	09	2	2	1	2	1	3	
10	*	*	10	2	2	1	3	1	2	
11	+	+	11	2	3	1	2	1	2	
12	,	,	12	1	1	2	2	3	2	
13	-	-	13	1	2	2	1	3	2	
14	.	.	14	1	2	2	2	3	1	
15	/	/	15	1	1	3	2	2	2	
16	0	0	16	1	2	3	1	2	2	
17	1	1	17	1	2	3	2	2	1	
18	2	2	18	2	2	3	2	1	1	
19	3	3	19	2	2	1	1	3	2	
20	4	4	20	2	2	1	2	3	1	
21	5	5	21	2	1	3	2	1	2	
22	6	6	22	2	2	3	1	1	2	
23	7	7	23	3	1	2	1	3	1	
24	8	8	24	3	1	1	2	2	2	
25	9	9	25	3	2	1	1	2	2	
26	:	:	26	3	2	1	2	2	1	
27	;	;	27	3	1	2	2	1	2	
28	<	<	28	3	2	2	1	1	2	
29	=	=	29	3	2	2	2	1	1	
30	>	>	30	2	1	2	1	2	3	

専門編

値	CODE A	CODE B	CODE C	エレメント幅（Xの倍数）						
				b	s	b	s	b	s	b
31	?	?	31	2	1	2	3	2	1	
32	@	@	32	2	3	2	1	2	1	
33	A	A	33	1	1	1	3	2	3	
34	B	B	34	1	3	1	1	2	3	
35	C	C	35	1	3	1	3	2	1	
36	D	D	36	1	1	2	3	1	3	
37	E	E	37	1	3	2	1	1	3	
38	F	F	38	1	3	2	3	1	1	
39	G	G	39	2	1	1	3	1	3	
40	H	H	40	2	3	1	1	1	3	
41	I	I	41	2	3	1	3	1	1	
42	J	J	42	1	1	2	1	3	3	
43	K	K	43	1	1	2	3	3	1	
44	L	L	44	1	3	2	1	3	1	
45	M	M	45	1	1	3	1	2	3	
46	N	N	46	1	1	3	3	2	1	
47	O	O	47	1	3	3	1	2	1	
48	P	P	48	3	1	3	1	2	1	
49	Q	Q	49	2	1	1	3	3	1	
50	R	R	50	2	3	1	1	3	1	
51	S	S	51	2	1	3	1	1	3	
52	T	T	52	2	1	3	3	1	1	
53	U	U	53	2	1	3	1	3	1	
54	V	V	54	3	1	1	1	2	3	
55	W	W	55	3	1	1	3	2	1	
56	X	X	56	3	3	1	1	2	1	
57	Y	Y	57	3	1	2	1	1	3	
58	Z	Z	58	3	1	2	3	1	1	
59	[	[	59	3	3	2	1	1	1	
60	\	\	60	3	1	4	1	1	1	
61	]	]	61	2	2	1	4	1	1	
62	^	^	62	4	3	1	1	1	1	
63	_	_	63	1	1	1	2	2	4	
64	NUL	`	64	1	1	1	4	2	2	

第6章 一次元シンボル体系 II

値	CODE A	CODE B	CODE C	エレメント幅（Xの倍数）					
				b	s	b	s	b	s	b
65	SOH	a	65	1	2	1	1	2	4	
66	STX	b	66	1	2	1	4	2	1	
67	ETX	c	67	1	4	1	1	2	2	
68	EOT	d	68	1	4	1	2	2	1	
69	ENQ	e	69	1	1	2	2	1	4	
70	ACK	f	70	1	1	2	4	1	2	
71	BEL	g	71	1	2	2	1	1	4	
72	BS	h	72	1	2	2	4	1	1	
73	HT	i	73	1	4	2	1	1	2	
74	LF	j	74	1	4	2	2	1	1	
75	VT	k	75	2	4	1	2	1	1	
76	FF	l	76	2	2	1	1	1	4	
77	CR	m	77	4	1	3	1	1	1	
78	SO	n	78	2	4	1	1	1	2	
79	SI	o	79	1	3	4	1	1	1	
80	DLE	p	80	1	1	1	2	4	2	
81	DC1	q	81	1	2	1	1	4	2	
82	DC2	r	82	1	2	1	2	4	1	
83	DC3	s	83	1	1	4	2	1	1	
84	DC4	t	84	1	2	4	1	1	2	
85	NAK	u	85	1	2	4	2	1	1	
86	SYC	v	86	4	1	1	2	1	2	
87	ETB	w	87	4	2	1	1	1	2	
88	CAN	x	88	4	2	1	2	1	1	
89	EM	y	89	2	1	2	1	4	1	
90	SUB	z	90	2	1	4	1	2	1	
91	ESC	{	91	4	1	2	1	2	1	
92	FS	|	92	1	1	1	1	4	3	
93	GS	}	93	1	1	1	3	4	1	
94	RS	~	94	1	3	1	1	4	1	
95	US	DEL	95	1	1	4	1	1	3	
96	FNC3	FNC3	96	1	1	4	3	1	1	
97	FNC2	FNC2	97	4	1	1	1	1	3	
98	SHIFT	SHIFT	98	4	1	1	3	1	1	

専門編

値	CODE A	CODE B	CODE C	エレメント幅（Xの倍数）						
				b	s	b	s	b	s	b
99	CODEC	CODEC	99	1	1	3	1	4	1	
100	CODEB	FNC4	CODEB	1	1	4	1	3	1	
101	FNC4	CODEA	CODEA	3	1	1	1	4	1	
102	FNC1	FNC1	FNC1	4	1	1	1	3	1	
103	START（CODE A）			2	1	1	4	1	2	
104	START（CODE B）			2	1	1	2	1	4	
105	START（CODE C）			2	1	1	2	3	2	
―	STOP			2	3	3	1	1	1	2

6-1-5 EAN/UPC

EAN/UPC で表現できるキャラクタ数は，エレメント幅が4種類あるため，組合せ（${}_nC_r$）だけでは求めることができない。特別なプログラムを作成して求めると20種類を表現できることがわかる（**表 6-1-5-1**）。EAN/UPC の場合，この20種類のキャラクタを，バーエレメントを構成するモジュール総数が奇数個の10種類（セット A）と，偶数個の10種類（セット B）とに割り振っている。セット A とセット B とを組み合わせて，MSB（*most significant byte*：最上位）キャラクタを作り出している（**表 6-1-5-2**）。

表 6-1-5-1　EAN-13 の数字セット表

数値	セット A				セット B				セット C			
	s	b	s	b	s	b	s	b	b	s	b	s
0	3	2	1	1	1	1	2	3	3	2	1	1
1	2	2	2	1	1	2	2	2	2	2	2	1
2	2	1	2	2	2	2	1	2	2	1	2	2
3	1	4	1	1	1	1	4	1	1	4	1	1
4	1	1	3	2	2	3	1	1	1	1	3	2
5	1	2	3	1	1	3	2	1	1	2	3	1
6	1	1	1	4	4	1	1	1	1	1	1	4
7	1	3	1	2	2	1	3	1	1	3	1	2
8	1	2	1	3	3	1	2	1	1	2	1	3
9	3	1	1	2	2	1	1	3	3	1	1	2

表 6-1-5-2　EAN-13 先頭キャラクタの求め方

先頭の数字	EAN-13 シンボル左半分の符号化に用いる数字セット					
	シンボルキャラクタ位置					
	1	2	3	4	5	6
0	A	A	A	A	A	A
1	A	A	B	A	B	B
2	A	A	B	B	A	B
3	A	A	B	B	B	A
4	A	B	A	A	B	B
5	A	B	B	A	A	B
6	A	B	B	B	A	A
7	A	B	A	B	A	B
8	A	B	A	B	B	A
9	A	B	B	A	B	A

6-1-6　GS1 データバー

　GS1 データバーで表現できるキャラクタ数は，エレメント幅が9種類あること，符号化する前にデータを圧縮していること，コード語を構成する総モジュール数が複数あることなどから，組合せ（$_nC_r$）だけでは求めることができない。JIS X 0509（ISO/IEC 24724）の附属書に詳細なプログラムが規定されている。したがって，キャラクタ構成表はない。

6-2　シンボル幅の求め方

　一次元シンボルは，符号化するデータ量によって水平方向の幅（長さ）が異なる。シンボル幅は，符号化するキャラクタの種類，2値幅シンボル体系では太細比，分離形シンボル体系ではキャラクタ間ギャップなどによって異なる。ここでは，各一次元シンボルのシンボル幅を求める方法を解説する。

6-2-1　インタリーブド 2 オブ 5

　インタリーブド 2 オブ 5 のシンボル幅（W）は，次の計算式によって求める

ことができる。

$$W = [P(4N+6) + N + 6]X + 2QZ$$

ここに，W：シンボルの幅（単位：mm），P：キャラクタのペア数，N：太細比，X：最小エレメント幅，QZ：クワイエットゾーンである。

6-2-2 コード39

コード39のシンボル幅（W）は，次の計算式によって求めることができる。

$$W = (C+2)(3N+6)X + (C+1)ICG + 2QZ$$

ここに，W：シンボルの幅（単位：mm），C：キャラクタ数（シンボルチェックキャラクタを含む），N：太細比，X：最小エレメント幅，ICG：キャラクタ間ギャップ，QZ：クワイエットゾーンである。

6-2-3 コーダバー

コーダバーのシンボル幅は，"符号化するキャラクタによって"および（または）"一つのシンボル内で幅の異なるキャラクタ間ギャップを複数挿入できるため"一様な計算式で求めることができない。

6-2-4 コード128

コード128のシンボル幅（W）は，次の計算式によって求めることができる。

$$W = [11(C+2) + 2]X + 2QZ$$

ここに，W：シンボルの幅（単位：mm），C：キャラクタ数（シンボルチェックキャラクタを含む），X：最小エレメント幅，QZ：クワイエットゾーンである。

6-2-5 EAN/UPC

EAN/UPCは，固定長のシンボル体系であるため，シンボル幅の計算式は規定されていない。しかし，各シンボルで用いる総モジュール数が決まっているので，それらのモジュール数にX寸法（拡大縮小の倍率によって異なる）を乗じることによって求めることができる。

表6-2-5に，各シンボルの総モジュール数を示す。

表 6-2-5　EAN/UPC を構成する総モジュール数

シンボルタイプ	総モジュール数
EAN-13	113
UPC-A	113
EAN-8	81
UPC-E	67
2桁アドオン	25
5桁アドオン	52
EAN-13 または UPC-A＋2桁アドオン	138
UPC-E＋2桁アドオン	92
EAN-13 または UPC-A＋5桁アドオン	165
UPC-E＋5桁アドオン	119

6-2-6　GS1 データバー

　GS1 データバーは，タイプおよび段数によって用いるモジュール数が決まっているため，そのモジュール数に X 寸法を乗じることによってシンボル幅を求めることができる。GS1 データバー拡張型では，符号化するキャラクタ数によってデータキャラクタ数およびファインダパターン数が異なるが，(n, k) の値が決まっているため，そのモジュール数に X 寸法を乗じることによってシンボル幅を求めることができる。GS1 データバー拡張多層型では，段数によって幅が異なるが，いずれの場合も，符号化するデータ量によって用いるモジュール数が決まっている。

6-3　シンボルチェックキャラクタ

　一次元シンボル体系では，シンボルに符号化したデータをバーコードリーダが正しく読んだかをチェックするためのシンボルチェックキャラクタを付加することができる（オプションの場合と必須の場合とがある）。ここでは，各シンボル体系で推奨しているシンボルチェックキャラクタの生成および検査の方法を解説する。

専門編

6-3-1 インタリーブド 2 オブ 5

JIS X 0505 (ISO/IEC 16390) インタリーブド 2 オブ 5 では，シンボルチェックキャラクタの求め方を，附属書 A で参考として提供している。オプションとなっていて，もし用いるならば"モジュロ 10　ウエイト 3"を用いることを推奨している。シンボルチェックキャラクタ (*check character*：c/c) の求め方の手順を，次に示す。

1) チェックキャラクタを除くデータの右端から奇数桁の数字を加算する。
2) 手順 1) で求めた値を 3 倍する。
3) 残った桁（偶数桁）のすべてを加算する。
4) 手順 2) で求めた値と手順 3) で求めた値とを合計する。
5) 手順 4) で求めた値 (*SUM*) に，次の計算式を適用する。
　　$CC = 10 - (SUM \bmod ❶ 10)$

例えば，データが 1937 の場合，手順 1) では $9+7=16$，手順 2) では $16 \times 3 = 48$，手順 3) では $1+3=4$，手順 4) では $48+4=52$，手順 5) では $CC = 10 - (52 \bmod 10) = 8$ となり，シンボルチェックキャラクタは 8 である。この 8 をデータキャラクタの最後に付けると 19378 となり，データキャラクタ全体が奇数個になるため，先頭に 0 を追加して偶数個にする。全体は 019378 となる。

6-3-2 コード 39

JIS X 0503 (ISO/IEC 16388) では，シンボルチェックキャラクタの求め方を，附属書 A で参考として提供している。規格ではオプションとなっていて，もし用いるならば"モジュロ 43"を用いることを推奨している。チェックキャラクタの求め方の手順を，次に示す。

1) すべてのデータキャラクタに，**表 6-3-2** の値を割り当てる。
2) すべてのデータキャラクタの値を合計する。
3) 手順 2) で求めた値 (*SUM*) に，次の計算式を適用する。
　　$CC = SUM \bmod 43$

例えば，データが CODE 39 の場合，手順 2) では $12+24+13+14+38+3+9=113$，手順 3) では $113 \bmod 43 = 27$ となり，**表 6-3-2** から 27 に相当する

---

❶ mod (*modulo*) は，除算における剰余（余り）を求める算術子である。

キャラクタを求めるとRとなる。このRをデータキャラクタの最後に付けると，全体がCODE 39Rとなる。

表6-3-2 モジュロ43チェックキャラクタの値

キャラクタ	値	キャラクタ	値	キャラクタ	値
0	0	F	15	U	30
1	1	G	16	V	31
2	2	H	17	W	32
3	3	I	18	X	33
4	4	J	19	Y	34
5	5	K	20	Z	35
6	6	L	21	-	36
7	7	M	22	.	37
8	8	N	23	スペース	38
9	9	O	24	$	39
A	10	P	25	/	40
B	11	Q	26	+	41
C	12	R	27	%	42
D	13	S	28		
E	14	T	29		

6-3-3 コーダバー

JIS X 0506では，シンボルチェックキャラクタを意味する用語が一切記されていない。そのため，本書で採り上げる必要はないが，国内の慣例として用いているチェックキャラクタについて，概要を解説する。

(a) モジュロ16

1) スタートおよびストップを含むすべてのキャラクタに，表6-3-3の値を割り当てる。
2) すべてのキャラクタ値を合計する。
3) 手順2)で求めた合計値（SUM）に，次の計算式を適用する。

   $CC = 16 - (SUM \bmod 16)$

スタートおよびストップキャラクタを含めて計算するが，"mod 16"で計算することで，データキャラクタ並びの最後にスタートまたはストップキャラクタが挿入されるのを防いでいる。

専門編

(b) **7DR**：データキャラクタが数字だけの場合に適用する。データをそのまま並べた値に mod 7 を実施し，結果をそのままチェックキャラクタにする方式である。(DR：*divide remains*)

(c) **7DSR**：7DR 方式の結果から 7 の補数を求めた値をチェックキャラクタとする方式である。(DSR：*divide supply remains*)

(d) **9DR**：データキャラクタが数字だけの場合に適用する。データをそのまま並べた値に mod 9 を実施し，結果をそのままチェックキャラクタにする方式である。

(e) **9DSR**：9DR 方式の結果から 9 の補数を求めた値をチェックキャラクタとする方式である。

表 6-3-3 に，コーダバーで用いるモジュロ 16 のチェックキャラクタの値を示す。

表 6-3-3　モジュロ 16 チェックキャラクタの値

キャラクタ	値	キャラクタ	値
0	0	-	10
1	1	$	11
2	2	:	12
3	3	/	13
4	4	.	14
5	5	+	15
6	6	A	16
7	7	B	17
8	8	C	18
9	9	D	19

6-3-4　コード 128

JIS X 0504（ISO/IEC 15417）では，シンボルチェックキャラクタの求め方を，附属書 A で規定として記している。コード 128 では，シンボルチェックキャラクタが必須である。そのため，通常，バーコード生成ソフトウエアなどでは，自動的にチェックキャラクタを生成し，最後のデータキャラクタとしてストップキャラクタの直前に付加する。シンボルチェックキャラクタは，可読文字と

して表示しない。また，バーコードリーダから送信してはならない。

シンボルチェックキャラクタは，次の手順によって求める（**表6-3-4**）。

1) **表6-1-4**からシンボルキャラクタ値を得る。
2) シンボルキャラクタの各位置に重みを与える。スタートキャラクタの重みは，常に1である。左から，スタートキャラクタ直後のシンボルキャラクタから始めて，シンボルチェックキャラクタ（それ自身を含めない）までのすべてのシンボルキャラクタの重みを，$1, 2, 3, 4, \cdots, n$とする。nは，スタート，ストップキャラクタおよびシンボルチェックキャラクタを除く，シンボル内でデータまたは特殊情報を表現しているシンボルキャラクタの数である。
3) それぞれのシンボルキャラクタ値に，それぞれがもつ重みを乗じ，積を求める。
4) 手順3) で得た積の総和（SUM）を求める。
5) $CC = SUM \bmod 103$ がシンボルチェックキャラクタ値となる。

表6-3-4　コード128シンボルチェックキャラクタの例

データ	スタートA	J	A	I	S	A
手順1)	103	42	33	41	51	33
手順2)	1	1	2	3	4	5
手順3)	103	42	66	123	204	165
手順4)	703					
手順5)	703 mod 103 = 85（Nak）					
全体のデータ並び	スタートA, J, A, I, S, A, Nak, ストップ					

6-3-5　EAN/UPC

JIS X 0507（ISO/IEC 15420）では，シンボルチェックキャラクタの求め方を，附属書Aで規定として記している。EAN-13, UCC-12およびEAN-8では，シンボルチェックキャラクタが必須❶であるため，通常，バーコード生成ソフトウエアなどでは，自動的にチェックキャラクタを生成し，最後のデータキャラクタとして右ガードパターンの直前に付加する。シンボルチェックキャラク

---

❶ UPC-E（UCC-12のゼロ抑制シンボル）のチェックキャラクタは，UCC-12として求めた値である。

タは，次の手順によって求める。
1) EAN または UCC-12 の桁数の長さに等しくなるように列数を設定する。
　　例① 　EAN-13 ならば，13
　　　② 　UCC-12 ならば，12
　　　③ 　EAN-8 ならば，8
2) 重み係数を割り当てる。

　　　　　　　　　　　　　　　　　　　　　　　　　　c/c
　　例① 　EAN-13： 　1 3 1 3 1 3 1 3 1 3 1 3 1
　　　② 　UCC-12： 　　　　3 1 3 1 3 1 3 1 3 1 3 1
　　　③ 　EAN-8： 　　　　　　　　　　　3 1 3 1 3 1 3 1

3) 符号化するデータを先頭から順番に，重み係数位置に配置する。チェックキャラクタがない場合は，右端の列（c/c）を空白にしておく。
4) 各桁位置の値に重み係数を乗じる。
5) 結果の総和（*SUM*）を求める。
6) 次の計算を行い，チェックキャラクタ（*CC*）を求める。

$$CC = 10 - (SUM \bmod 10)$$

チェックデジットが，すでに右端欄にあるときは，結果が 0（ゼロ）になる❷。チェックデジットがない場合は，手順 6) の結果がチェックデジットである。
バーコードリーダでのチェックキャラクタによる誤り検出は，この計算によって 0 になることを検査している。

6-3-6 ｜ GS1 データバー

JIS X 0509（ISO/IEC 24724）では，本体に，シンボルチェックキャラクタの求め方を三つのタイプごとに規定している。他の一次元シンボル体系とは方式が異なり，データキャラクタを構成する各エレメントの幅を基にして求めている。バーコードリーダがホスト機器に GTIN（*global trade item number*, GS1 が定めたコード規定）の読取データを送信するときは，EAN-13 シンボルに類似した方法で，暗黙的に計算したチェックキャラクタを送信している（通常のシンボルチェックキャラクタではない）。GS1 データバーでは，独自に検査したシンボルチェックキャラクタをホストに送信しない。

---

❷ 0（ゼロ）にならなければ，データが間違えているか，計算が間違えているかである。

6-4 参照復号アルゴリズム

一次元シンボル体系には，バーコードリーダで復号するときの参考となる復号アルゴリズムが規定されている。この復号アルゴリズムは，バーコード印字品質検証器の"復号できたか"を判定するときの基準アルゴリズムとなる。

6-4-1 インタリーブド2オブ5

インタリーブド2オブ5の参照復号アルゴリズムは，次のとおりである。
a) 先頭に QZ があることを確認する。
b) 最初の4エレメントのそれぞれが，それに続く10エレメントの合計値の7/64よりも小さいときが，有効なスタートパターンである。確認できない場合は，反対側からの復号を試みる。
c) キャラクタ対の復号
　1) バーおよびスペースエレメントの集合で構成されるキャラクタ対に含まれる10エレメントの合計値を S とする。
　2) 閾値 $T = (7/64)S$ を求める。
　3) 各エレメント幅を T と比較し，T よりも大きければ太エレメント，小さければ細エレメントとする。(**2-8-3 参照**)
d) 次に続くエレメント幅が，前のキャラクタの T よりも大きいか等しいとき，その次の二つのエレメント幅が T よりも小さいことで，ストップパターンとする。
e) 末尾の QZ があることを確認する。
f) バーコードリーダにチェックキャラクタを検査するように設定している場合は，チェックキャラクタを検査する。

6-4-2 コード39

コード39の参照復号アルゴリズムは，次のとおりである。
a) 先頭の QZ があることを確認する。
b) キャラクタの復号
　1) バーエレメント5本およびスペースエレメント4本の合計値を S とする。
　2) 閾値 $T = S/8$ を求める。

専門編

  3) 各エレメント幅を T と比較し，T よりも大きければ太エレメント，小さければ細エレメントとする。(**2-8-3 参照**)
  4) 太エレメントおよび細エレメントのパターンが，有効なキャラクタと合致するかを検査する。
  5) 最初のキャラクタが "*" であることを確認する。ここで，シンボルを走査した方向がわかる。
  6) 次の "*" を検出するまで，キャラクタの復号を続ける。
  7) 末尾の QZ を確認する。
  8) バーコードリーダにチェックキャラクタを検査するように設定している場合は，チェックキャラクタを検査する。
c) 末尾の QZ があることを確認する。

6-4-3　コーダバー

 JIS X 0506 では，参照復号アルゴリズムを規定していないため，本書では採り上げないことにした。

6-4-4　コード 128

 コード 128 の参照復号アルゴリズムは，次のとおりである。
 各キャラクタの復号は，次の手順で行う。
a) 図 **6-4-4** によって，8 か所（p, e_1, e_2, e_3, e_4, b_1, b_2, b_3）の寸法を求める。

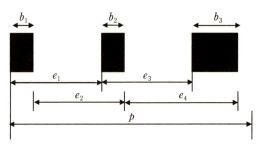

図 6-4-4　コード 128 復号のための採寸図

b) e_1, e_2, e_3, e_4 から，次の式によって各 E_i を求める。
  $1.5p/11 \leq e_i < 2.5p/11$　であれば　$E_i = 2$
  $2.5p/11 \leq e_i < 3.5p/11$　であれば　$E_i = 3$

3.5p/11 ≦ e_i < 4.5p/11　であれば　E_i = 4
4.5p/11 ≦ e_i < 5.5p/11　であれば　E_i = 5
5.5p/11 ≦ e_i < 6.5p/11　であれば　E_i = 6
6.5p/11 ≦ e_i < 7.5p/11　であれば　E_i = 7

e_i がこの範囲内にない場合は，そのキャラクタを誤りとする。

c) E_1, E_2, E_3, E_4 を基にして，符号化表（JIS X 0504 の表 2 参照）から該当するキャラクタを求める。

d) キャラクタと同時に，キャラクタのセルフチェック値 V も求める。値 V は，そのキャラクタ内のバーエレメントを構成するモジュールの総数である。

e) 次の計算式を満たすかを検証する。

$$\frac{(V-1.75)p}{11} < b_1 + b_2 + b_3 < \frac{(V+1.75)p}{11}$$

これを満たしていないキャラクタを誤りとする。

1 モジュールのエッジ誤りに起因するすべての復号誤りを検出できるように，キャラクタパリティを二次的にこの計算で用いる。

副次的に，左右の QZ，スタートキャラクタ，ストップキャラクタおよびシンボルチェックキャラクタを検証する。

6-4-5　EAN/UPC

図 6-4-5 に，EAN/UPC を復号するために寸法測定する場所（数字セット A，B および C）を示す。

EAN/UPC の参照復号アルゴリズムは，次のとおりである。

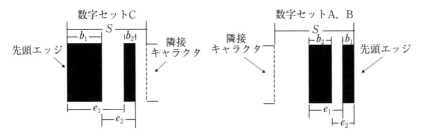

図 6-4-5　EAN/UPC 復号のための採寸図

各シンボルキャラクタについて，計測したキャラクタの全幅を S とする。

専門編

この S を用いて参照閾値（RT）を求める。各エッジから類似エッジまでの測定値（e）を RT と比較し，値 E を算出する。キャラクタ値は，値 E を基準に決める。

値 e_1 は，バーエレメントの先頭エッジから，それに隣接するバーエレメントの先頭エッジまでの寸法とする。値 e_2 は，バーエレメントの末尾エッジから，それに隣接するバーエレメントの最終エッジまでの寸法とする。数字セット A および数字セット B では，2本のバーエレメントの右端を，数字セット C では，2本のバーエレメントの左端を，それぞれ先頭エッジとする。

基準閾値 RT_1, RT_2, RT_3, RT_4 および RT_5 は，次のようになる。

$RT_1 = (1.5/7)S$
$RT_2 = (2.5/7)S$
$RT_3 = (3.5/7)S$
$RT_4 = (4.5/7)S$
$RT_5 = (5.5/7)S$

各キャラクタにおいて，測定値 e_1 および測定地 e_2 を参照閾値と比較する。それぞれに対応する整数値 E_1 および整数値 E_2 は，次の式によって 2, 3, 4 または 5 のいずれかの値となる。

$RT_1 \leqq e_i < RT_2$ であれば $E_i = 2$
$RT_2 \leqq e_i < RT_3$ であれば $E_i = 3$
$RT_1 \leqq e_i < RT_4$ であれば $E_i = 4$
$RT_1 \leqq e_i < RT_5$ であれば $E_i = 5$

上記以外であれば，そのキャラクタを誤りとする。

表6-4-5 の E_1 および E_2 の値を，シンボルキャラクタ値の第一決定要因とする。EAN/UPC の数字 1, 2, 7 および 8 は，1モジュール誤りによって 1⇔7 および 2⇔8 に変化しやすい。この誤りを防止するために，シンボルに配置するキャラクタ位置によってエレメント幅を 1/13 モジュール分だけ補正しなければならない。この補正によって，**表6-4-5** の第二決定要因を判定しやすくできる。

第 6 章　一次元シンボル体系 II

表 6-4-5　EAN/UPC 復号対応表

キャラクタ	数字セット	第一決定要因		第二決定要因
		E_1	E_2	$7(b_1+b_2)/s$
0	A	2	3	
1	A	3	4	≤ 4
2	A	4	3	≤ 4
3	A	2	5	
4	A	5	4	
5	A	4	5	
6	A	5	2	
7	A	3	4	> 4
8	A	4	3	> 4
9	A	3	2	
0	B および C	5	3	
1	B および C	4	4	> 3
2	B および C	3	3	> 3
3	B および C	5	5	
4	B および C	2	4	
5	B および C	3	5	
6	B および C	2	2	
7	B および C	4	4	≤ 3
8	B および C	3	3	≤ 3
9	B および C	4	2	

6-4-6　GS1 データバー

　GS1 データバーの参照復号アルゴリズムは，JIS X 0509（ISO/IEC 24724）の附属書で，C 言語によるソースプログラムを公開している[1]。

---

[1] 本書ではソースリストを公開できないため，JIS X 0509（ISO / IEC 24724）を参照のこと。

専門編

6-5 シンボル体系特有の特徴

ここでは，一次元シンボルを用いる際に注意しなければならないことを解説する。

6-5-1 シンボルの自動識別

一つのアプリケーションで，インタリーブド2オブ5とコード39とを併用する場合は，互いに相手側のシンボルと読み違えるのを防ぐために，次の注意が必要である。

①コード39シンボルのキャラクタ間ギャップが，細エレメント幅を超えないこと。
②スタート，ストップを含むコード39のキャラクタ数が，インタリーブド2オブ5のデータキャラクタ数の半分よりも多くなるように，バーコードリーダの読取桁数設定をすること。
③インタリーブド2オブ5のキャラクタ長は，6文字以上にすること。

図6-5-1のシンボルは，データキャラクタ部分のパターンが同一であるが，下段のデータがコード39の*1A*であり，上段のデータがインタリーブド2オブ5の01121401である。インタリーブド2オブ5のスタートパターンおよびストップパターンは，バーコードシンボルに隣接する周辺に多く見られるパターン（文字，模様，図柄など）である。

図6-5-1　インタリーブド2オブ5とコード39

6-5-2 コード128の特徴

主にコード128のFNC（ファンクション）キャラクタについて，次の(a)～(c)に記す。

(a) コードセットキャラクタ

　一つのシンボル内で，あるコードセットから他のコードセットに変更するときに用いる。バーコードリーダは，このキャラクタを送信してはならない。コードセットキャラクタには A，B および C の 3 種類があり，キャラクタ中でコードセットが変更されると，次に別のコードセットキャラクタまたはシフトキャラクタが見つかるまで有効となる。

(b) シフトキャラクタ

　シフトキャラクタが見つかると，シフトキャラクタに続く 1 キャラクタのコードセットが「A から B」または「B から A」に変更され，その後は，元のコードセットに戻る。コードセット C では，シフトキャラクタを用いることはできない。

(c) ファンクションキャラクタ

　① FNC1

　スタートキャラクタに続く第 1 キャラクタ位置に FNC1 がある場合は，GS1-128 エミュレーションモードである。このとき，上記の位置以降に現れる FNC1 は，バーコードリーダによって GS（ASCII 値 29）に変換されて出力される。この GS は，可変長データの終了を表すために用いている。

　スタートキャラクタに続く第 2 キャラクタ位置に FNC1 がある場合は，AIM Inc. 用のアプリケーションである。

　② FNC2

　メッセージの連結に用いる。シンボルキャラクタ中のどの位置に FNC2 があっても有効である。FNC2 を含むシンボルを読んだリーダは，そのデータを「次に FNC2 を含まないシンボルを読むまで」リーダのメモリに保存する。リーダは，FNC2 を含まないシンボルを読むと，メモリに保存していたデータと連結して出力する。アプリケーションによっては，シンボルを読む順番を指定しなければならない場合がある。

　③ FNC3

　バーコードリーダのコンフィグレーションを変更するコマンドとして用いる。コマンドの仕様は規定していない。メーカが独自に規定しなければならない。FNC3 を含むシンボルを読んだリーダは，そのデータを出力してはならない。

専門編

④ FNC4

ISO 8859-1 またはアプリケーション仕様で規定する拡張 ASCII キャラクタセットを表現するために用いる。バーコードリーダは，FNC4 を見つけると，それ以降のキャラクタ値に値 128 を加算して出力する。

6-6 一次元シンボル体系の信頼性と誤読

ここでは，一次元シンボル体系を用いるシステムの信頼性について解説する。

6-6-1 バーコードシステムの信頼性

一次元シンボル体系を用いるアプリケーションでは，印字，流通環境，読取りおよびデータ処理のそれぞれの信頼性レベルが揃っていることが望ましい。目的とするシステム全体の信頼性は，システムの中で最低レベルの部分に合わせて下がってしまうからである。また，一つの部分を高性能化しても，コストの無駄である。

① 印字　　　：可能な限り高印字品質で印字し，正しく表示
② 流通環境　：温度，湿度，結露，擦過，汚れ，破れなどに注意
③ 読取り　　：誤読防止，読取速度，不読または誤読のリカバリ
④ データ処理：誤入力防止，データ伝送路の誤り，プログラムミス

6-6-2 一次元シンボル体系の信頼性

一次元シンボル体系は，一般に，キャラクタの自己チェックができるようになっている。自己チェックを可能にする要素は，次の(a)～(c)のとおりである。

(a) キャラクタを構成するモジュール数またはエレメント数

一般に，キャラクタを構成するモジュール数またはエレメント数が多いほど，シンボルの信頼性が高い。シンボルを構成する要素に冗長性をもたせることができるからである。例えば，太バーエレメントを偶数個だけのものにする，バイナリコードにしてパリティビットを追加するなどがある。

(b) 両方向読み

一次元シンボル体系は，一般に，両方向から走査しても読むことができる。これは，データキャラクタを構成するエレメントの組合せで，用いるパターン

を可能な限り制限し，走査方向が変わっても類似したキャラクタパターンが出現しないように工夫しているからである．

(c) **シンボルチェックキャラクタ**

シンボルチェックキャラクタを用いることによって，シンボルの信頼性を上げることができる．数字だけを表現するシンボル体系にはあまり期待できないが，一般に，表現できるキャラクタ種類が多いほど，シンボルチェックキャラクタによる効果が大きい．

専門編

第 7 章

二次元シンボル体系 Ⅱ

- 7-1　データ圧縮と符号化
- 7-2　誤り訂正および信頼性
- 7-3　PDF417 およびマイクロ PDF417
- 7-4　GS1 合成シンボル
- 7-5　データマトリックス
- 7-6　マキシコード
- 7-7　QR コードおよびマイクロ QR コード
- 7-8　アズテックコード

Summary

　第 7 章では，二次元シンボル体系に特有な技術の中で，各シンボル体系に共通する専門的な技術（データ圧縮および伸長，誤り訂正，データの信頼性，印字品質評価など）を解説する。ただし，国際規格を基にしたアプリケーション仕様（GS1 仕様など）については，詳細を省く。
　ここでは，二次元シンボル体系に特有の特徴の中で，ユーザサポートに役立つバックボーン技術について理解する。

専門編

7-1 データ圧縮と符号化

ここでは，可逆圧縮および非可逆圧縮について解説する。

7-1-1 データ圧縮の概要

デジタル技術でデータを圧縮する方式には多くの種類があるが，自動認識分野では，主に可逆圧縮を用いている。人間の脳がアナログ的に判断する視覚，音声，色彩などは，一般に非可逆圧縮でも許されるが，デジタル通信などでは，圧縮および伸長を繰り返しても，完全に圧縮前のデータに戻す必要がある。データ圧縮は，一般に，記憶容量の縮小，データ通信速度の向上などに役立つが，二次元シンボル体系では，符号化するデータ容量の増加，印字面積の縮小などに役立つ。

7-1-2 可逆圧縮

二次元シンボル体系では，データを符号化する前にデータ圧縮をする。シンボル体系によって圧縮方法が異なるが，一般に，n 進数を m 進数に変換することによって圧縮（$n < m$ でなければならない）する可逆圧縮（圧縮前の内容と伸長後の内容とが同一になる）方式である。

例えば，10 進数 7 桁の数字 1230321 を 1230 進数にする場合は，次のように計算する。

  int(1230321/1230)　= 1000　…　コード語①
  1230321 mod 1230　= 321　…　コード語②

0～1229 とおりのコード語の中から①および②の値に相当するコード語をを割り当てることによって，二つのコード語で 10 進数 7 桁を表現できたことになる。

バーコードリーダは，読んだシンボルを復号する過程で，各コード語の内容を伸長して元のデータを得る。元のデータを得るには，次のように計算する。

  コード語①×1230 = 1230000　　　　　…　③
  ③＋コード語② = 1230321

これで，元のデータを完全に復号できたことになる。

第7章 二次元シンボル体系 Ⅱ

次に，二次元シンボル体系におけるキャラクタの圧縮について，概要を解説する。

(a) PDF417

PDF417には，次の3種類の圧縮モードがある。

①**テキスト圧縮モード**：30進法で2キャラクタを1コード語に圧縮
②**数字圧縮モード**：900進法で2.93桁を1コード語に圧縮
③**バイト圧縮モード**：8ビットバイト（256進法）を900進法に変換し，6バイトを5コード語に圧縮

(b) データマトリックス

データマトリックスには6種類の符号化スキームがあり，それぞれ圧縮率が異なる。**表7-1-2**に，ECC200の符号化スキームを示す。

表7-1-2 データマトリックス符号化スキーム

符号化スキーム	キャラクタ	キャラクタ当たりのビット数
ASCII	00～99	4
	ASCII値 0～127	8
	拡張ASCII値 128～255	16
C40	大文字英数字	5.33
	小文字および特殊キャラクタ	10.66
テキスト	小文字英数字	5.33
	大文字および特殊キャラクタ	10.66
X12	ANSI X 12 EDI データセット	5.33
EDIFACT	ASCII値 32～94	6
Base256	すべてのバイト 0～266	8

(c) マキシコード

マキシコードは，9桁の数字を6コード語に圧縮している。

(d) QRコード

QRコードには多くの符号化モードがあるが，圧縮に関連するモードは次のとおりである

①**数字モード**：通常，3桁の数字を10ビットで符号化する。
②**英数字モード**：通常，2キャラクタを11ビットで符号化する。
③**8ビットバイトモード**：1キャラクタを8ビットで符号化する。

④漢字モード：2バイト文字は12ビットで符号化する（一般に，16ビットで表現している）。

(e) アズテックコード

螺旋状の層で構成しているアズテックコードは，1〜2層のコード語を6ビット（64進法），3〜8層のコード語を8ビット（256進法），9〜22層のコード語を10ビット(1024進法)および23〜32層のコード語を12ビット(4096進法)で構成している。このことは，シンボルが大きくなるほど圧縮率が高くなることにつながる。

(f) その他

二次元シンボル体系で用いられることはないが，理解しやすいので，次のような可逆圧縮方法（ランレングス法など）も知っておくとよい。

例えば，データ並びが 13 38 38 38 38 38 38 38 38 38 38 38 27 65 91 の15バイトであった場合，同じ値が続いた個数（この例では，"38" が11個）をカウントし，13 *11* 38 27 65 91 にすることによって6バイトに圧縮できたことになる（この方法は，白と黒だけを用いるファクシミリなどで用いられている）。この方式では，データ列の中に識別できる何らかの特徴を抽出し，または何らかの方法で特徴を作り出し，その特徴に対して "*nn* が *mm* 個" のように置き換えることで圧縮する。

7-1-3 　非可逆圧縮

人間の五感に作用するデータは，一般に，少々圧縮をしても気づかないといわれている。例えば，デジタル画像，デジタル音声などである。

図 7-1-3 に，[(4×4)×4] 画素［1画素当り8ビット（000〜255）で表現］のデータを1/16に圧縮（単純平均）する様子を示す。

200	196	190	195	189	179	180	188
201	199	194	195	188	191	193	190
199	197	194	180	186	189	190	188
196	195	109	107	108	108	175	190
194	135	095	008	008	085	183	202
190	150	161	045	058	112	185	199
193	173	177	123	152	168	190	200
199	189	187	188	196	192	193	201

⇒ 1/16に圧縮

184	177
149	157

図 7-1-3　非可逆圧縮の例

第7章 二次元シンボル体系 II

非可逆圧縮では，いったん圧縮したデータを，完全に元に戻すことはできない。また，非可逆圧縮では，元データにはなかった別のデータが新たに作られてしまうことが多い。補間処理をすることである程度元のデータに似せることができるが，さらに元データと異なるデータを作ってしまう。

データの圧縮および伸長を行うための専用IC，ソフトウエアなどは，画像または音声関連の半導体メーカ，ソフトウエアメーカなどから提供されている場合がある。

7-2 誤り訂正および信頼性

3-1-3「誤り検出および自動誤り訂正」でも解説したが，二次元シンボル体系には，バーコードリーダが二次元シンボルを読むときに誤り訂正をしながら読めるように，誤り訂正コード語を追加している。シンボル体系によっては，ユーザが誤り訂正レベルを選択できるもの[1]と，すでにシンボルの大きさによって異なるレベルの既定値が組み込まれており，ユーザが選択できないものとがある。

大部分の二次元シンボル体系は，「リードソロモン（RS）」という誤り訂正方式を用いている。誤り訂正コード語は，データコード語をリードソロモン符号で用いる多項式 $g(x)$ で除算した剰余である。

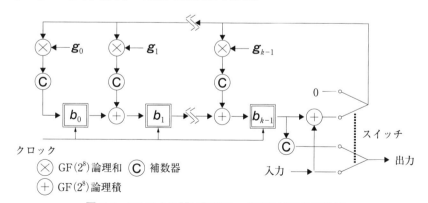

図7-2　RSによる誤り訂正コード語の符号化回路例

---

[1] レベルが決められているものとレベル範囲が決められているものとがある。

専門編

　図7-2は，リードソロモンによる誤り訂正コード語を生成する機能を説明するための回路図である。この回路は，誤り訂正で用いる多項式によって異なる。

　データマトリックスの誤り訂正コード語は，ビットごとのモジュロ2計算およびバイトごとのモジュロ $x^8+x^5+x^3+x^2+1$（100101101：10進数では301）計算で生成する。

　QRコードの誤り訂正コード語は，ビットごとのモジュロ2計算およびバイトごとのモジュロ $x^8+x^4+x^3+x^2+1$（100011101：10進数では285）計算で生成する。

　二次元シンボル体系では，誤り訂正レベルに合わせて，異なった複数の生成多項式を用い，適切な誤り訂正コード語を生成している。

　誤ったコード語の位置検出については，バーレカンフ-メッセイ（*Berlekamp-Messey*）法を用いるのが一般的である。バーコードリーダが二次元シンボルを読むとき，誤りがあることを検出すると，どのような誤りであるかを調べる。つまり，既知の箇所でコード語がなくなっているかまたは復号不能だったか❶，あるいは，不明の箇所で誤って復号された［これを代入誤り（*substitution error*）と呼ぶ］かである。基本的に，次の計算式を満足するときは，誤りを訂正できる。

　　　［消失誤りの個数＋（2×代入誤りの個数）］
　　　　≦（誤り訂正コード語の個数－誤り検出用予約コード語の個数）

　バーコードリーダで読めた二次元シンボルのデータの信頼性は，主に誤り訂正レベルで決まり，レベルが高ければ高いほど信頼性が高いといえる。しかし，アプリケーションで二次元シンボル体系を用いる場合は，読みづらい，読まない，間違えて読むなどのトラブルの方が大きな要因となる場合がある。特に，マトリックス形の二次元シンボル体系は，ファインダパターン，タイミングパターン，ゆがみ補正用パターン，モード情報などが欠損すると，途端に読まなくなる場合がある。高印字品質の保持，適切な運用を心がける方が低コストで適切なシステムになる場合が多い。

---

❶これを消失誤り（QRコードでは棄却誤り，*erasure*）という。

7-3 PDF417およびマイクロPDF417

ここでは，PDF417の種類，構造および特徴を解説する。

7-3-1 PDF417の構造

図3-2-1にPDF417シンボル体系の構成例を示しているが，その内部構造について追加で解説する。

スタート				ストップ
	L_1	d_{15}	d_{14}	R_1	
	L_2	d_{13}	d_{12}	R_2	
	L_3	d_{11}	d_{10}	R_3	
	L_4	d_9	d_8	R_4	
	L_5	d_7	d_6	R_5	
	L_6	d_5	d_4	R_6	
	L_7	d_3	d_2	R_7	
	L_8	d_1	d_0	R_8	
	L_9	E_3	E_2	R_9	
	L_{10}	E_1	E_0	R_{10}	

図7-3-1　PDF417シンボルの構造図

図7-3-1は，PDF417シンボルの内部構造の例である。L_nは左行指示子，R_nは右行指示子，E_nは誤り訂正用コード語，d_nはデータコード語を示す。d_{15}はシンボル長記述子（この例の場合は16），d_{14}～d_1は符号化されたデータコード語，d_0は埋め草コード語（*padding character*）である。

7-3-2 PDF417 の特徴

表 7-3-2 に，PDF417 の特徴を示す。

表 7-3-2　PDF417 の特徴

項　目	内　容
表現できるデータキャラクタ	**テキスト圧縮モード**：JIS X 0201［ISO/IEC 646 (IRV)］の印刷可能な文字（値 32 〜 126）および選択した制御文字 **バイト圧縮モード**：8 ビットバイトで表現可能な 256 個（値 0 〜 255） **数字圧縮モード**：0 〜 9 の数字
コードタイプ	マルチローシンボル体系の連続形
データコード語のエレメント構成	四つのバーエレメント，四つのスペースエレメントで，合計 17 モジュール（$n=17$，$k=4$） 最大エレメント幅は 6 モジュール
表現可能な最大データ数（誤り訂正レベルが 0 で，925 コード語のとき）	**バイト圧縮モード**：1 108 バイト（1.2 キャラクタ/コード語） **テキスト圧縮モード**：1 850 文字（2 キャラクタ/コード語） **数字圧縮モード**：2 710 桁（2.93 キャラクタ/コード語） **その他**：ECI による 811 800 個までの異なるデータまたはデータ解釈。制御用の各種機能コード
シンボルの大きさ	行数　　　　　　　　　：3 〜 90 行（選択可能） 列数　　　　　　　　　：1 〜 30 列（選択可能） シンボル幅　　　　　　：90X 〜 583X（QZ 含む） 最大コード語容量　　　：928 語 最大データコード語容量：925 語 縦横比　　　　　　　　：選択可能 誤り訂正コード語　　　：2 〜 512 語
データ以外の付加情報	行当たり　　　：QZ を含めて 73 モジュール シンボル当たり：最小 3 コード語分
誤り訂正	リードソロモン方式，0 〜 8 レベルで 9 種類

7-3-3 コード語

　PDF417 シンボルは，最大 929 個（0 ～ 928 値）のコード語を符号化できる。コード語は，互いに排他な 3 種類のシンボル文字集合（クラスタ）によって表される。それぞれのクラスタでは，929 個の使用可能な PDF417 コード語を異なるエレメントパターンで符号化する。クラスタ番号は "0"，"3" および "6" である。クラスタは，スタートキャラクタおよびストップキャラクタを除く，すべての PDF417 シンボルキャラクタに適用する。

　クラスタ番号 K は，次の計算式によって求める。

$$K = (b_1 - b_2 + b_3 - b_4 + 9) \bmod 9$$

　ここに，b_1，b_2，b_3 および b_4 は，コード語を構成する四つのバーエレメントのモジュール幅である。

　図 7-3-3 に，クラスタ配置の様子を示す。

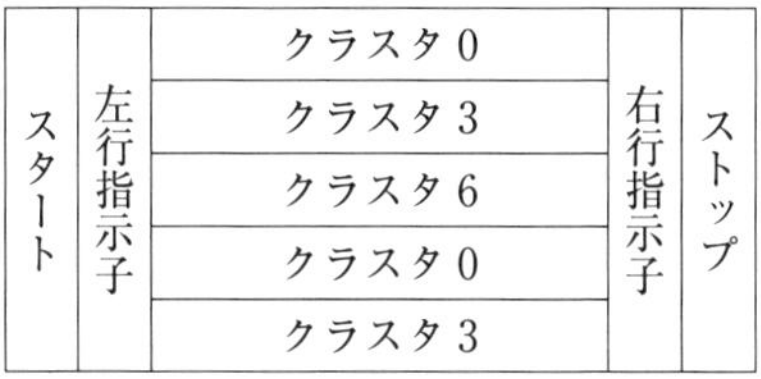

スタート	左行指示子	クラスタ 0	右行指示子	ストップ
		クラスタ 3		
		クラスタ 6		
		クラスタ 0		
		クラスタ 3		

図 7-3-3　クラスタ配置

　PDF417 のコード語圧縮モードには，次のようなものがある。

(a) テキスト圧縮モード

　英数字および記号が，英大文字，英小文字，数字と記号との混合および記号だけの 4 種類に分類され，種類間のシフト用コードも含めて 2 文字を 1 コード語に符号化する。2 文字の組合せは 900 進数（0 ～ 899 のコード語値）で表現する。

(b) バイト圧縮モード

　8 ビットのバイト並びを，コード語の並びに符号化する。この符号化は，256 進法から 900 進法への変換によって実行し，5 コード語に対して 6 バイトの圧縮比（1.2：1）である。

(c) 数字圧縮モード

　数字の並びを 10 進法とみなし，900 進法に変換することによってデータを圧縮する方法であり，長い数字並びの符号化に用いることが望ましい。数字圧

専門編

縮モードによって，コード語当たり最大 2.93 桁の数字を符号化する。

7-3-4 誤り訂正能力

誤り訂正コード語は，誤りの検出および誤り訂正の両機能を含んでいる。

PDF417 シンボルの誤り訂正レベルは，シンボル作成のときに選択することができる。表 7-3-4 に，各誤り訂正レベルに対する誤り訂正コード語の総数を示す。

表 7-3-4　誤り訂正レベルおよび誤り訂正コード語の総数

誤り訂正レベル	誤り訂正コード語の総数
0	2
1	4
2	8
3	16
4	32
5	64
6	128
7	256
8	512

誤り訂正では，消失誤りを修復するときには一つの，代入誤りを修復するときには二つの誤り訂正コード語が必要である。

7-3-5 特殊な PDF417

PDF417 の特別なシンボル体系に，コンパクト PDF417 およびマクロ PDF417 がある。

(a) コンパクト PDF417

印字領域確保（印字領域が狭い）が最も重要で，かつ，シンボルの損傷が考えづらい（高印字品質が保てる）場所では，コンパクト PDF417 を用いてもよい。例えば，事務室などでラベルの損傷が考えづらい環境では，図 7-3-5-a に示すように，右行指示子を省略し，かつ，ストップパターンを 1 モジュール幅のバーに縮小してもよい。この処理によって，データ以外の付加情報は，行当たり 4 コード語から 2 コード語に削減される。引換えに，復号性能，信頼性，雑音，損傷，劣化，塵埃などに対する耐久力は減少する。

第7章　二次元シンボル体系 II

この付加情報縮小バージョンは，「トランケーテド PDF417」，「省略形 PDF417」などと呼んでいたが，JIS では，国際規格に合わせて「コンパクト PDF417」と呼ぶことにした。

バーコードリーダは，PDF417 と同じデータとして，ホストに送信しなければならない。

図 7-3-5-a　コンパクト PDF417 の例

(b) マクロ PDF417

データ量が多過ぎて，一つの PDF417 シンボルで表現できない場合に，分割して表示する機能である。マクロ PDF417 シンボルは，マクロ PDF417 制御ブロックの中に追加制御情報を含んでいるという点で，通常の PDF417 シンボルとは異なっている。

図 7-3-5-b に，英数字で 120 キャラクタを符号化した例を示す。

図 7-3-5-b　マクロ PDF417 の例

制御ブロックは，ファイル ID，ファイル区分の連結順序，ファイルに関するその他の任意選択情報を定義する。マクロ PDF417 復号器は，制御ブロッ

クの情報を用い，シンボル走査の順序に関係なく，正確にデータを復元する。

7-3-6 マイクロ PDF417

マイクロ PDF417 は，PDF417 を基にして，さらに，省スペース化したマルチローシンボル体系である。誤り訂正レベルは行数および列数によって決まっており，利用者が選択することはできない。PDF417 と異なり，スタートパターンおよびストップパターンを省いている。コード語の構成およびクラスタは，PDF417 と同じである。

マイクロ PDF417 には，1列〜4列までの四つの列バージョンがある。**図 7-3-6** に，バージョンの例を示す。

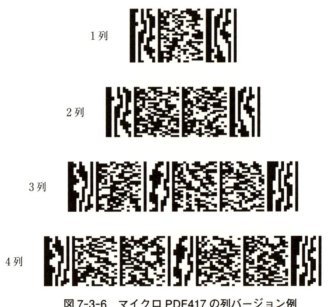

図 7-3-6　マイクロ PDF417 の列バージョン例

列数が3列以上では，列間にも行指示子が追加される。**表 7-3-6** に，マイクロ PDF417 の特徴を示す。

第 7 章　二次元シンボル体系 II

表 7-3-6　マイクロ PDF417 の特徴

項　　目	内　　容
表現できるデータキャラクタ	**テキスト圧縮モード**： 　JIS X 0201［ISO/IEC 646（IRV）］の印刷可能な文字（値 32 〜 126）および選択した制御文字 **バイト圧縮モード**：8 ビットバイトで表現可能な 256 個（値 0 〜 255） **数字圧縮モード**：0 〜 9 の数字
コードタイプ	マルチローシンボル体系の連続形
データコード語のエレメント構成	四つのバーエレメント，四つのスペースエレメントで，合計 17 モジュール（$n=17$，$k=4$）
表現可能な最大データ数	176 コード語 **バイト圧縮モード**：150 バイト **テキスト圧縮モード**：250 文字 **数字圧縮モード**：3 660 桁
最小エレメント幅（X）	0.191 mm（公称値） エレメント高さ（Y）：$2X$
行指示子	1 行当たり：2 〜 3 個
コード語の制約	1 行当たり：最小 1 列，最大 4 列 シンボル当たりの行数：最小 4 行，最大 44 行
クワイエットゾーン（QZ）	上下左右とも X 以上

7-4　GS1 合成シンボル

　GS1 合成シンボルは，ISO/IEC 24723 で規定されているシンボル体系である。国内では医療用だけで用いられているため，現在では JIS にする予定はない。
　このシンボルが発表された当時は，EAN.UCC composite symbology と呼んでいたが，2005 年に EAN（欧州の流通コード機関），UCC（米国の流通コード機関）および ECCC（カナダの流通コード機関）が統合し GS1 が発足してからは GS1 composite symbology になったため，本書では「GS1 合成シンボル」と呼ぶ。
　なお，この **7-4** の内容は，ISO/IEC 24723 に基づいている。

7-4-1 特徴

表7-4-1に，GS1合成シンボルの特徴を示す。

表7-4-1 GS1合成シンボルの特徴

項目			内容
表現できるデータキャラクタ	一次元シンボル部分	EAN/UPC 標準形GS1データバー 制限形GS1データバー	0～9
		GS1-128 拡張形GS1データバー	ISO 646（英大文字，英小文字，数字および21種類の記号）およびFNC1
	二次元合成シンボル部分	すべてのコード	シンボルキャラクタを伴うGS1-128シンボルおよび拡張形GS1データバー
		CC-BおよびCC-C	二次元合成シンボルの拡張文字
コードタイプ	一次元シンボル部分	(n, k)シンボル体系，連続形	
	二次元合成シンボル部分	(n, k)シンボル体系，連続形，マルチローシンボル体系	
表現可能な最大データ数	一次元シンボル部分	GS1-128	48桁
		EAN/UPC	8，12または13桁
		拡張形GS1データバー	74桁
		その他のGS1データバー	16桁
	二次元合成シンボル部分	CC-A	56桁
		CC-B	338桁
		CC-C	2 361桁
誤り検出および誤り訂正	一次元シンボル部分	一つのシンボルチェックキャラクタ	
	二次元合成シンボル部分	リードソロモン	

7-4-2 GS1 合成シンボルの特徴に関する補足

GS1 合成シンボル体系には，ユニークな特徴がある。専門編で用いる主な特徴は，次のようなものである。

(a) データ圧縮

二次元合成シンボルは，アプリケーション識別子（AI）を用いることで，効率的にデータを符号化するように設計された圧縮モードを用いる。

(b) コンポーネントの結合

二次元合成シンボル部分は，結合フラグを含んでおり，一次元シンボル部分を読まないとデータを送信しない。また，GS1 合成シンボルに用いる一次元シンボルは，EAN/UPC 以外のすべての一次元シンボルに結合フラグを含んでいる。

(c) GS1-128 エミュレーション

GS1-128 エミュレーションモードに設定されているリーダは，データが一つ以上の GS1-128 シンボルで符号化していたかのようにデータを結合し，結合したデータを一つのシンボルとして送信する。

(d) 拡張性

ECI などの，拡張キャラクタをサポートするような準備が必要である。

7-4-3 種類

GS1 合成シンボル体系には，次の 3 種類がある。ここでは，各種類で用いる一次元シンボル体系および二次元シンボル体系を解説する。

図 7-4-3-a，図 7-4-3-b，図 7-4-3-c にそれぞれの例を示す。

(a) CC-A

一次元シンボル部分には，EAN-13, UPC-A, EAN-8, UPC-E, GS1-128, GS1 データバー（すべてのタイプ）を用いることができる。二次元シンボル部分には，CC-A 専用の変形マイクロ PDF417 を用いる。

図 7-4-3-a　CC-A の例

専門編

(b) CC-B

一次元シンボル部分には，EAN-13，UPC-A，EAN-8，UPC-E，GS1-128，GS1 データバー（全タイプ）を用いることができる。二次元シンボル部分には，正規のマイクロ PDF417 を用いる。

図 7-4-3-b　CC-B の例

(c) CC-C

一次元シンボル部分には，GS1-128 を用いる。二次元シンボル部分には，PDF417 を用いる。

図 7-4-3-c　CC-C の例

7-5　データマトリックス

ここでは，データマトリックスの種類，特徴および構造を解説する。

7-5-1　概要

データマトリックスは，1987 年にアメリカから発表されたマトリックス形二次元シンボル体系である。誤り訂正方式に ECC000 ～ ECC140 を備えたデータマトリックスは，シンボルの作成および読取りに関する管理を 1 社で行えるような，クローズドアプリケーションで用いられていた。シンボルのサイズ（モジュール数）は，9×9 ～ 49×49 モジュールの奇数個だけで構成する。

その後，1995 年に，データの大容量化および誤り訂正方式をリードソロモ

第7章 二次元シンボル体系 II

ンに変更した ECC200 タイプを発表した。新しくデータマトリックスを利用する場合は，ECC200 タイプを推奨している。シンボルのサイズは，10×10 〜 144×144 モジュールの偶数個だけである。したがって，本書では ECC200 だけを採り上げることにした。

7-5-2 ECC200 シンボルの誤り訂正

表 7-5-2 に，ECC 200 シンボルのデータ量および誤り訂正率を示す。

表 7-5-2 ECC200 のデータ量および誤り訂正率

シンボルサイズ		コード語の合計		最大データ容量			誤り訂正用コード語の割合（%）	最大訂正コード語代入/消失
行	列	データ	誤り訂正	数字	英数字	バイト		
10	10	3	5	6	3	1	62.5	2/0
12	12	5	7	10	6	3	58.3	3/0
14	14	8	10	16	10	6	55.6	5/7
16	16	12	12	24	16	10	50	6/9
18	18	18	14	36	25	16	43.8	7/11
20	20	22	18	44	31	20	45	9/15
22	22	30	20	60	43	28	40	10/17
24	24	36	24	72	52	34	40	12/21
26	26	44	28	88	64	42	38.9	14/25
32	32	62	36	124	91	60	36.7	18/33
36	36	86	42	172	127	84	32.8	21/39
40	40	114	48	228	169	112	29.6	24/45
44	44	144	56	288	214	142	28	28/53
48	48	174	68	348	259	172	28.1	34/65
52	52	204	84	408	304	202	29.2	42/78
64	64	280	112	560	418	277	28.6	56/106
72	72	368	144	736	550	365	28.1	72/132
80	80	456	192	912	682	453	29.6	96/180
88	88	576	224	1 152	862	573	28	112/212
96	96	696	272	1 392	1 042	693	28.1	136/260
104	104	816	336	1 632	1 222	813	29.2	168/318
120	120	1 050	408	2 100	1 573	1 047	28	204/390
132	132	1 304	496	2 608	1 954	1 301	27.6	248/472
144	144	1 558	620	3 116	2 335	1 555	28.5	310/590

表 7-5-2　ECC200 のデータ量および誤り訂正率（続き）

長方形シンボル								
8	18	5	7	10	6	3	58.3	3/0
8	32	10	11	20	13	8	52.4	5/0
12	26	16	14	32	22	14	46.7	7/11
12	36	22	18	44	31	20	45.0	9/15
16	36	32	24	64	46	30	42.9	12/21
16	48	49	28	98	72	47	36.4	14/25

ECC200 では，シンボルサイズが小さくなるほど誤り訂正率が高くなる。また，シンボルサイズによって誤り訂正率が自動的に決定されるため，利用者が選択することはできない。

7-5-3　特徴

データマトリックスの主な特徴は，次のようなものである。

(a) シンボルのブロック化

シンボルは，ゆがみを補正するために 1 ブロックを最大 24×24 モジュールにしなければならない。データ量が多くなった場合は，シンボルをブロック化しなければならない（図 7-5-3-a）。

図 7-5-3-a　ブロック化したシンボルの例

(b) シンボルの形状

ECC200 のデータマトリックスは，正方形および長方形の 2 種類がある。長方形シンボル（ECC200 だけであり，6 種類のサイズがある）は，細長い場所に印字するときに便利である。図 7-5-3-b に，シンボル形状の例を示す。

正方形

長方形

図 7-5-3-b　シンボル形状の例

(c) 明暗反転

ダイレクトパーツマーキング（DPM）などによって印字したシンボルでは，リーダで読むときに，明暗が反転する場合がある。データマトリックスでは，明暗反転画像についても規定している。モジュール部分が暗のときを *dark on light*，逆に，モジュール部分が明のときを *light on dark* という。図 7-5-3-c に，明暗反転シンボルの例を示す。

dark on light

light on dark

図 7-5-3-c　明暗反転シンボルの例

(d) 特徴の補足

①**構造化連結機能**：ECC200 シンボルでは，データ量が多くなった場合，最大 16 個まで分割することができる。分割したシンボルをリーダで読むと，リーダは，読む順番に関係なく符号化した元データを再現する。

②**拡張チャネル解釈（ECI）**：アラビア文字などにも対応することができる。国内での実例がないことから，本書では採り上げない。

7-5-4　ECC200 の符号化（補足）

データマトリックスでは，256 種類のコード語を符号化できる。各コード語には，決められた役割が与えられている。データマトリックス特有の，アプリ

ケーションを意識したユニークな機能が盛り込まれている。

表7-5-4に，コード語値の一覧を示す。

表7-5-4 ASCIIキャラクタの符号化値

コード語値	データまたはファンクション
1〜128	ASCIIデータ（ASCII値＋1）
129	埋め草（*padding*）
130〜229	00〜99（数字値＋130）
230	C40符号化へ切換え（C40：40進数に類似している）
231	256進数へ切換え
232	FNC1（GS1-128エミュレーション）
233	構造的連結（*structured append*）
234	リーダのコンフィグレーション設定
235	拡張ASCIIへ1字切換え
236	05マクロ（ヘッダ：[）>^R_S0 5^G_S，トレーラ：^R_SE^O_T） (JIS X 0533で規定する，GS1-128アプリケーション識別子を用いたデータ)
237	06マクロ（ヘッダ：[）>^R_S0 6^G_S，トレーラ：^R_SE^O_T） (JIS X 0533で規定する，FACTデータ識別子を用いたデータ)
238	ANSI X12符号化へ切換え
239	テキスト符号化へ切換え
240	EDIFACT符号化へ切換え
241	拡張チャネル解釈（ECI）キャラクタ
242-255	ASCII符号化では用いない

7-5-5 コード語の構造

図7-5-5に，コード語の構造を示す。

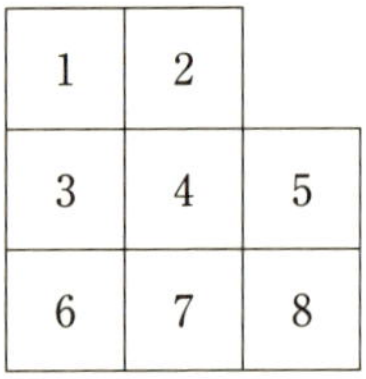

1	2	
3	4	5
6	7	8

ここに，1はMSB（最上位ビット），8はLSB（最下位ビット）であり，暗モジュールを1，明モジュールを0で示す。

図7-5-5 コード語のビット配置図

7-5-6　位置合せパターンの配置

図 7-5-6 に，32×32 モジュールの正方形シンボルおよび 12×36 モジュールの長方形シンボルの位置合せパターン配置を示す。

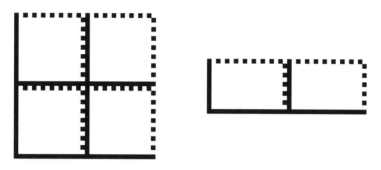

図 7-5-6　位置合せパターンの配置

7-5-7　シンボルの寸法

データマトリックスに必要な寸法として，次の①〜④がある。
① X 寸法：シンボルの生成およびリーダの性能に合わせて，アプリケーションで規定する。
② ファインダパターン：X
③ 位置合せパターン：$2X$
④ クワイエットゾーン：X（シンボルの周囲）であるが，$2X \sim 4X$ を推奨する。

7-5-8　コード語の配置

図 7-5-8-1 に 8×8 モジュールの，図 7-5-8-2 に 6×16 モジュールのコード語配置を示す。

専門編

2.1	2.2	3.6	3.7	3.8	4.3	4.4	4.5
2.3	2.4	2.5	5.1	5.2	4.6	4.7	4.8
2.6	2.7	2.8	5.3	5.4	5.5	1.1	1.2
1.5	6.1	6.2	5.6	5.7	5.8	1.3	1.4
1.8	6.3	6.4	6.5	8.1	8.2	1.6	1.7
7.2	6.6	6.7	6.8	8.3	8.4	8.5	7.1
7.4	7.5	3.1	3.2	8.6	8.7	8.8	7.3
7.7	7.8	3.3	3.4	3.5	4.1	4.2	7.6

図 7-5-8-1　8×8 モジュールのコード語配置

2.1	2.2	3.6	3.7	3.8	4.3	4.4	4.5	9.1	9.2	10.6	10.7	10.8	7.3	7.4	7.5
2.3	2.4	2.5	5.1	5.2	4.6	4.7	4.8	9.3	9.4	9.5	11.1	11.2	7.6	7.7	7.8
2.6	2.7	2.8	5.3	5.4	5.5	8.1	8.2	9.6	9.7	9.8	11.3	11.4	11.5	1.1	1.2
1.5	6.1	6.2	5.6	5.7	5.8	8.3	8.4	8.5	12.1	12.2	11.6	11.7	11.8	1.3	1.4
1.8	6.3	6.4	6.5	3.1	3.2	8.6	8.7	8.8	12.3	12.4	12.5	10.1	10.2	1.6	1.7
7.1	6.6	6.7	6.8	3.3	3.4	3.5	4.1	4.2	12.6	12.7	12.8	10.3	10.4	10.5	7.2

図 7-5-8-2　6×16 モジュールのコード語配置

　コード語 1, 3, 4, 7, 10, …は，コード語を構成する 1～8 のセルが一塊になっておらず分散して配置されているので，注意が必要である．これは，シンボルの端に当たるコード語が，図 7-5-5 に示す形を維持できなくなるからである．シンボルの大きさによって，分散配置されるコード語が決まっている．

第 7 章　二次元シンボル体系 Ⅱ

7-6　マキシコード

ここでは，マキシコードの特徴および構造を解説する。

7-6-1　特徴

表 7-6-1 に，マキシコードの特徴を示す。

表 7-6-1　マキシコードの特徴

項　　目	内　　容
表現できるデータキャラクタ	英数字，full ASCII，バイナリ
データ容量	英数字：93 キャラクタ 数字：138 桁
シンボルサイズ	26.48×25.32 〜 29.79×28.49mm（QZ 含む）
最小クワイエットゾーン（QZ）	左側および右側：1 モジュール間ピッチ 上側および下側：1 モジュール行間ピッチ
モジュールの形状	六角形
モジュール数	864 モジュール（データコード語および誤り訂正コード語を含む）
コード語数	144 個（144×6 ビット＝864 モジュール）
数字圧縮	9 桁を 6 コード語に圧縮
データ以外の付加情報	方向パターン（18 モジュール）＋ファインダパターン（90 モジュール）
誤り訂正方式	リードソロモン
ECI	可能
構造的連結機能	可能。最大 8 個

7-6-2　構造

シンボルの中心に独特なファインダパターンをもち，その周辺に六角形モジュールが配置されていて，全体としてほぼ正方形に近い形をしている。

六角形モジュールは 33 列あり，基本的に 1 列当たり 30 個または 29 個ずつ交互に並んでいる。1 コード語は，6 モジュールである。

7-6-3　方向パターン

シンボルの回転に関する情報を，3 モジュールの六つのパターンによって与

えている。方向パターンを，ファインダパターンの周囲に配置し，その位置の明暗を識別することによって，シンボルの向きを判断している。図7-6-3に，方向パターンを示す。

Wは明，Bは暗を示す。

図7-6-3　方向パターン

7-6-4　プライマリメッセージおよびセカンダリメッセージ

重要な情報部分（プライマリメッセージ：20コード語）およびそれ以外の情報部分（セカンダリメッセージ：124コード語）を分けて配置する工夫をしている。宛先などの重要な情報を，ファインダパターンの周囲に配置している。図7-6-4に，プライマリメッセージの配置を示す。

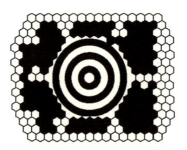

図7-6-4　プライマリメッセージの配置

7-6-5　モジュールサイズ

図7-6-5に，六角形モジュールの寸法を示す。

第 7 章　二次元シンボル体系 II

W	$W = L/29$	0.88 mm
V	$V = (2/\sqrt{3})W$	1.02 mm
X	$X = W$	0.88 mm
Y	$Y = (1.5/\sqrt{3})W$	0.76 mm

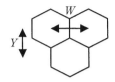

図 7-6-5　六角形モジュールの寸法

7-6-6　コード語

コード語は，6 モジュールで構成する。コード語が表現できるデータは，$2^6 = 64$ 種類（00 〜 63）である。

6 モジュールは，2 モジュールずつ 3 列で表し，右上が MSB（最上位ビット），左下が LSB（最下位ビット）である。**図 7-6-6** に，コード語の構造を示す。

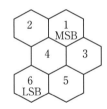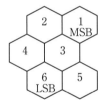

図 7-6-6　コード語の構造

7-6-7　コードセット

マキシコードには，次の 5 種類のコードセットがある。

(a) コードセット A

英大文字，数字，スペース，記号 15 種類，シンボル制御キャラクタ 8 種類および ASCII 制御キャラクタ 4 種類。

(b) コードセット B

英小文字，スペース，記号 21 種類，シンボル制御キャラクタ 12 種類および ASCII 制御キャラクタ 4 種類。

専門編

(c) コードセット C

ラテン大文字, スペース, 記号, グラフィック文字 10 種類, シンボル制御キャラクタ 7 種類および ASCII 制御キャラクタ 3 種類。

(d) コードセット D

ラテン小文字, スペース, 記号, グラフィック文字 11 種類, シンボル制御キャラクタ 7 種類および ASCII 制御キャラクタ 3 種類。

(e) コードセット E

ASCII 制御キャラクタ 32 種類, スペース, 通貨記号, グラフィックキャラクタ 11 種類, シンボル制御キャラクタ 10 種類。

7-6-8　誤り訂正

ユーザは, 次の 2 種類の誤り訂正レベルを選択できる。

(a) **標準誤り訂正**（SEC：*standard error correction*）

144 コード語中の約 15% の代入誤りを訂正できる。

(b) **拡張誤り訂正**（EEC：*extended error correction*）

144 コード語中の約 21% の代入誤りを訂正できる。

7-6-9　モード

マキシコードには, 誤り訂正機能を定義するためのモードがいくつかある。表 7-6-9 に, モードの一覧を示す。

表 7-6-9　モード一覧表

モード	内　　　容
モード 0	現在は, モード 2 またはモード 3 を用いる。
モード 1	現在は, モード 4 を用いる。
モード 2	運輸業界用。データの先頭から 120 ビットが構造化キャリアメッセージであり, 誤り訂正 EEC を用いる。残りのビットには, SEC を用いる。
モード 3	
モード 4	標準シンボル。プライマリメッセージには EEC を, セカンダリメッセージには SEC を用いる。
モード 5	FULL EEC：プライマリ, セカンダリの両方のメッセージに EEC を用いる。
モード 6	リーダ制御：リーダのコンフィグレーションを変更設定するためのメッセージ。ホストには, 何も送信しない。

7-7 QRコードおよびマイクロQRコード

ここでは，QRコードの特徴および構造を解説する。

7-7-1 特徴

表7-7-1に，QRコード（モデル2）の特徴を示す。

表7-7-1　QRコード（モデル2）の特徴

項　　目	内　　容
表現できるデータキャラクタ	数字：0～9 英数字： 　英大文字，数字，スペース，記号8種類 8ビットバイト： 　JIS X 0201（ラテン文字，カタカナなど） 漢字：JIS X 0208 　　　　（8140h～9FFCh および E040h～EBBFh）
データ容量（40-L形）	数字　　　　　：7 089桁 英字・記号　　：4 296キャラクタ 8ビットバイト：2 953キャラクタ 漢字　　　　　：1 817キャラクタ
シンボルサイズ	（21×21）～（177×177）モジュール （1形～40形，4モジュールステップ）
最小クワイエットゾーン（QZ）	4モジュール
データ変換効率／キャラクタ	数字モード　　　　：3.3モジュール 英数・記号モード　：5.5モジュール 8ビットバイトモード：8モジュール 漢字モード　　　　：13モジュール
誤り訂正	レベルL：　7% レベルM：15% レベルQ：25% レベルH：30%
構造的連接機能（任意）	可能。最大16個まで分割できる。
マスク処理（必須）	復号効率の向上およびシンボル全体の明暗モジュール比率を均等に近づける。
拡張チャネル解釈［ECI（任意）］	可能
明暗反転読取り	可能
表裏反転読取り	可能

専門編

7-7-2 構造

QRコードには，位置検出パターン（ファインダパターン），位置合せパターン，タイミングパターン，クワイエットゾーンの機能パターンがある。また，形式情報，型番情報，データおよび誤り訂正コード語の符号化領域がある。形式情報および型番情報は，同じ内容を2か所に分散して配置している。これによって，片方のデータが破損しても読むことができる。

図7-7-2に，QRコードの構造を示す。

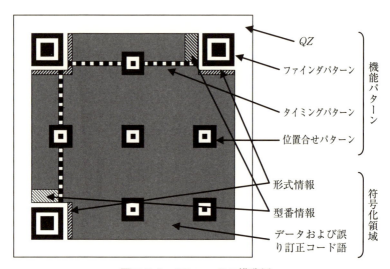

図7-7-2　QRコードの構造例

QRコードの機能パターンおよび各種情報として，次の (a)～(f) がある。

(a) ファインダパターン

シンボルの三つの頂点に配置することによって，シンボルの位置，大きさおよび傾きを知ることができる。

(b) 位置合せパターン

シンボルのゆがみを補正するパターンである。特に，非線形ゆがみを補正するのに威力を発揮する。

(c) タイミングパターン

各セルの中心座標を求めるときに用いるパターンである。シンボルがゆがん

でいるとき，またはセルピッチの不均一が生じているときに，データセルの中心座標を補正するために用いる。

(d) クワイエットゾーン

シンボルを検出しやすくするために，シンボルの周囲に配置した余白部分である。通常は，$4X$ 以上の幅が必要である。

(e) 型番情報

シンボルの大きさを指定する領域である。シンボルは，1型〜40型までの40種類がある。

(f) 形式情報

誤り訂正レベル，マスクパターン参照子，誤り訂正ビットなどを基にして計算し，全体が15ビットである。

7-7-3　構造的連接機能

QRコードは，最大16個まで分割することができる。図7-7-3に，3分割の例を示す。

図7-7-3　構造的連接機能の例

この機能によって，長方形の印字領域にも印字が可能になる。

7-7-4　ゆがみ補正

シンボルが曲面に貼られた場合，リーダの読取窓とシンボルとの角度によって，画像がゆがむことがある。QRコードには，ゆがみを補正するための位置

合わせパターンを備えている。図 7-7-4 に，ゆがみの例を示す。

図 7-7-4　ゆがみの例

7-7-5　マイクロ QR コード

　マイクロ QR コードは，データ容量が少なく，印字または刻印する面積を小さくしなければならない用途に最適である。例えば，化粧品，医薬品，医療材料，文具，貴金属などの小物商品への情報マーキングである。
　マイクロ QR コードの特徴および構造は，次のとおりである。

(a) 特徴

　表 7-7-5-a にマイクロ QR コードの特徴を示す。

表 7-7-5-a　マイクロ QR コードの特徴

項　目	内　容
表現できるデータキャラクタ	数字：0～9 英数字：英大文字，数字，スペース，記号 8 種類 8 ビットバイト： 　　JIS X 0201（ラテン文字，カタカナなど） 漢字：JIS X 0208 　　　　（8140h～9FFCh および E040h～EBBFh）
データ容量	数字　　　　：35 桁 英字・記号　：21 キャラクタ 8 ビットバイト：15 キャラクタ 漢字　　　　：9 キャラクタ
シンボルサイズ	11×11，13×13，15×15，17×17 モジュール
最小クワイエットゾーン	2 モジュール
誤り訂正	レベル L：7% レベル M：15% レベル Q：25%
マスク処理（必須）	タイミングパターンがない 2 辺のモジュールができるだけ黒になるようにする。

(b) 構造

図 7-7-5-b に，マイクロ QR コードの構造例を示す。

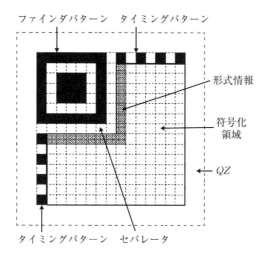

図 7-7-5-b　マイクロ QR コードの構造例

専門編

7-8 アズテックコード

ここでは，アズテックコードの特徴および構造を解説する。

7-8-1 特徴

表 7-8-1 に，アズテックコードフルレンジタイプの特徴を示す。

表 7-8-1　フルレンジタイプの特徴

項　　目	内　　容
表現可能なデータキャラクタ	ISO/IEC 646　　　：値 0 ～ 127 ISO/IEC 8859-1：値 128 ～ 255 FNC1，ECI
シンボルの寸法	(15×15)～(151×151) モジュール
クワイエットゾーン（QZ）	必要なし
データ容量	15×15：数字 13 桁，英字 12 字または 6 バイト 151×151：数字 3 832 桁，英字 3 067 字または 1 914 バイト
誤り訂正レベル	5 ～ 95％で選択可能。推奨値は 23％
明暗反転	可能
表裏反転	可能
拡張チャネル解釈（ECI）	可能
構造的連接機能	可能。最大 26 分割
リーダ制御機能	有り
特殊パターン	11×11 モジュールで構成し，256 個を識別可能

7-8-2 構造

アズテックコードは，シンボルの中心部に基本情報（ファインダパターン，回転方向指示パターンおよびモード情報）をもち，時計回りの螺旋状に拡がる層があることを特徴としている。図 7-8-2-1，図 7-8-2-2 に，アズテックコードの構造を示す。

第 7 章　二次元シンボル体系 Ⅱ

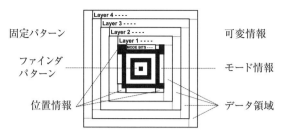

図 7-8-2-1　コンパクトタイプの構造

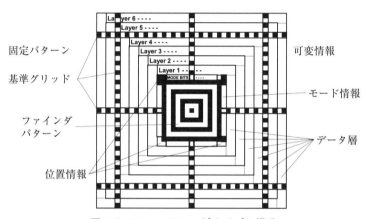

図 7-8-2-2　フルレンジタイプの構造

コード語は，データ層によってビット長が異なる。

11	9	7	5	3	1
12	10	8	6	4	2
			1〜2層			
		3〜8層				
	9〜22層					
23〜32層						

143

専門編

7-8-3 特殊記号（ルーン）

アズテックコードには，リーダで読むことができる11×11モジュールの特殊記号（$2^8 = 256$種類）を備えている。データを符号化せずに，この記号を用いることによって，256種類の識別が可能である。例えば，高速仕分けラインなどでの利用である。図7-8-3に，特殊記号の例を示す。

図7-8-3　特殊記号の例

7-8-4 試験用シンボル

アズテックコードの仕様書には，印字品質を試験するための特別なシンボルが規定されている（図7-8-4）。

図7-8-4　試験用シンボル

左側のシンボルは，1を400桁符号化したものであり，右側のシンボルは，3を400桁符号化したものである。左側のシンボルでは市松模様が描かれ，右側のシンボルでは直線が描かれている。これらのシンボルによって，印字品質を簡易的に調べることが可能になる。

第7章 二次元シンボル体系 II

7-8-5 ファインダパターンの見つけ方

シンボル中央のファインダパターンは，他のマトリックスシンボルのファインダパターン検出方法とは異なる，独自の方法を用いて識別する。図7-8-5に，見つけ方をイメージするための図を示す。

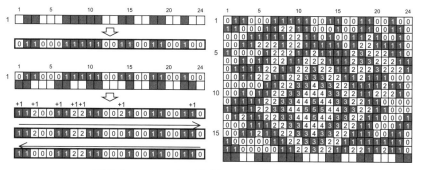

図7-8-5　ファインダパターンの識別イメージ

画像の1列目と次の列とで，特別な規則によって計算し，数値化する（図7-8-5左図）。順次，その次の列と同じように計算することによって，ファインダパターンの中心（＋状モジュール）の値が5になる（図7-8-5右図）。

専門編

第 8 章

バーコードプリンタ II

8-1　バーコードのデジタル画像化
8-2　発色方式の補足
8-3　バーコードプリンタの動作原理
8-4　プリンタ印字性能評価仕様
8-5　ダイレクトマーキング

Summary

　第8章では，バーコードを印字するプリンタについて，基本編で採り上げた概要，種類に加えて，専門技術者が知っておくべき技術的な内容を解説する。
　ここでは，バーコードを印字するためのプリンタについて，技術的に特有な特徴を理解する。

専門編

8-1 バーコードのデジタル画像化

　バーコード（特に，一次元シンボル）をバーコードプリンタで印字するには，バーエレメントの幅およびスペースエレメントの幅に応じたドット数で作らなければならない。このとき，各エレメントは整数個のドットでなければならない。エレメント幅の比率が整数倍で規定されている場合であれば問題はないが，太細比のように，（2～3）：1で規定されている場合は，整数ドットで表現できない場合が生じる。特に，EAN-13シンボルでは1/13モジュール補正があるため，イメージセッタのような超高分解能な機器（0.02 mm 程度）が必要になる。

　上記のような問題を回避するために，次のa)～c)のような手順でエレメントに用いるドット数を調整する。

　バーコードを生成するソフトウエアは，シンボル体系とは関係なく，各バーおよびスペースを正確にプリンタのdpiに合わせて縮小または拡大する能力を備えていなければならない。2値幅シンボル体系の場合，設計時点で各エレメントのドット数は整数値であり，太エレメントは X の N 倍である（ICGを $1X$ とする）。したがって，ドット数を補正するのは，N の値によって太エレメント幅が X の整数倍にならないときだけである。

a) X に用いるドット数は，最も近い整数まで切り捨てて，太エレメントが整数ドットとなる太細比を選択する。

b) バーエレメン幅の太りが均一に補正されるドット数を求め，それに最も近い整数に切り上げる。

c) 上記の結果を適用し，シンボルすべてのバーエレメントおよびスペースエレメントについて，ドット数を決定する。

　（例） 24 dpmm プリンタで，X が 0.27 mm，N が 2.5，かつ，X を 0.06 mm 縮小するシンボルを作成する（**表8-1**）。

1) 細エレメント寸法は，24 dpmm × 0.27 mm = 6.5 dot になるが，小数点以下を切り捨てて 6 dot とする。
2) 太エレメントは，6 × 2.5 = 15 dot である。
3) バーエレメント幅の太り補正は，0.06 mm × 24 dpmm = 1.4 dot になるが，小数点以下を切り上げて 2 dot とする。

表 8-1　バー幅縮小のためのドット数の補正

対象エレメント幅	ドット数	
	バーエレメント	スペースエレメント
細エレメント	4	8
太エレメント	13	17

　細バー幅が $6-2=4\,\mathrm{dot}$，細スペース幅が $6+2=8\,\mathrm{dot}$，太バー幅が $15-2=13\,\mathrm{dot}$ および太スペース幅が $15+2=17\,\mathrm{dot}$ となる。太細比は，細エレメントの平均と太エレメントの平均とを比較するため，理論的には $6:15=1:1.5$ になる。

8-2　発色方式の補足

　ここでは，発色方法について補足する。

8-2-1　感圧紙

　インパクト式プリンタには，カーボン紙[1]を用いるものと感圧紙（ノーカーボン紙）[2]を用いるものがある。ワイヤードットプリンタで複写伝票にバーコードを印字し，同じバーコードが印字された帳票を複数枚作るような用途で用いていた（現在は，特定の用途だけで用いている）。

　この方式では，複写枚数が多くなると，下の用紙になるほどバーエッジが不鮮明になって，読めなくなる可能性がある。また印字後に，用紙を折る，爪，鉛筆，ボールペンなどの硬い物で擦る，ペン式リーダでなぞるときに発色してしまい，印字品質を保てなくなる場合がある。

　感熱紙，熱転写，インクジェット，トナー技術の登場によって，バーコード印字用としては姿を消しつつある。

8-2-2　インクリボン

　布リボンに関しては，特に補足はない。

---

[1] 耐久性のある紙に，すす（カーボン），蝋，油などを塗布したもの。
[2] 高分子加工された特殊液のマイクロカプセルと発色剤との化学反応を利用したもの。

専門編

サーマルフィルムリボン(熱転写リボン)は,厚さ数十ミクロンのPETフィルムなどに,カーボン,ワックス,樹脂などの混合物を塗布したものである。

感熱ヘッドで熱を加えることによって,溶融または昇華させて受容紙に転写する。

発色は,黒の他にカラー❶および特殊なものとして,白,金箔,銀箔などの製品もあるが,バーコード用としては黒発色が最も多い。3原色を用いて黒発色させても,バーエッジが不鮮明になることと,十分な反射率を得ることが困難になる場合がある。

8-2-3　インク

インクジェットプリンタ用のインクには染料系と顔料系の2種類がある。一般に,染料系インクが受容紙に着弾すると,顔料コート層を通り越し紙繊維にまで滲み込むため,広がり滲みを生じる。一方,顔料系インクは,受容紙に着弾しても乾燥までに時間を要する。

図8-2-3に,染料系インクおよび顔料系インクの定着の様子を示す。

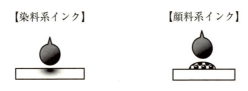

図8-2-3　インク定着のイメージ

両方とも,黒以外にカラーがあるが,バーコード用としては黒発色が最も多い。3原色を用いて黒発色をしても,バーエッジが不鮮明になることと,十分な反射率を得ることが困難になる場合がある。バーコードリーダ用としては,カーボン系の黒が適切である。

最近の工業用インクジェットプリンタでは,UV(紫外線)硬化形インクを用いるようになってきた。

---

❶シアン(C),マゼンタ(M),イエロー(Y)の3原色などがある。

8-2-4 トナー

トナーは可能な限り,細かい粒子である,球体に近い,形状が揃っているこ
となどが求められる。また,インクと同様に,カラー化も容易にできる。
写真 8-2-4 に,トナーの顕微鏡写真を示す。

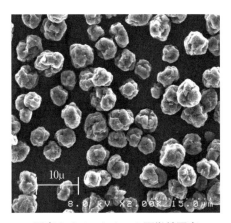

写真 8-2-4　トナーの顕微鏡写真

8-3 バーコードプリンタの動作原理

ここでは,各種バーコードプリンタの動作原理および商用印刷の動作原理を
解説する。

8-3-1 サーマルプリントヘッド

感熱式プリンタおよび熱転写式プリンタでは,心臓部にサーマルプリント
ヘッドを用いている。サーマルプリントヘッドとは,セラミックス基板上に印
字画素サイズ相当の発熱抵抗体を直線状に配列し,さらに,発熱抵抗体部の酸
化防止と耐擦過性とを高めるために,熱伝導性が高く,密着性に優れた高硬度
な金属酸化物またはガラス膜で覆って保護する構造になっている(**図 8-3-1**)。
また,発熱抵抗体を個別に ON-OFF 制御するためのドライバ IC を,セラミッ
クス基板上に実装している。

専門編

　サーマルプリントヘッドの解像度は，発熱抵抗体の物理的配列密度に依存し，主に 6 ～ 24 dpmm（152 ～ 600 dpi）のものがある。

　サーマルプリントヘッドは，製造プロセスから，薄膜生成技術をベースにした薄膜方式と抵抗体印刷技術をベースにした厚膜方式とに大別される。

　薄膜方式は 20 dpmm を超える高解像度が可能であるが，通常，バーコード印字に用いる 8～16 dpmm の範囲では，双方に品質上の大きな差異はないといわれている。写真 8-3-1 に，サーマルプリントヘッドの例を示す。

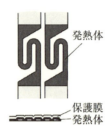

図 8-3-1　発熱抵抗体の構造例

写真 8-3-1　サーマルプリントヘッドの例

(a) サーマルプリントヘッドの構造例

　図 8-3-1-a に，サーマルプリントヘッドの構造例を示す（プラテン，ラベルおよびインクリボンを除く）。

第 8 章 バーコードプリンタ II

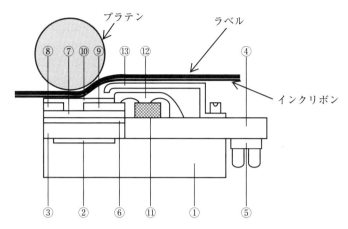

ここに，①，③がアルミナ基板，②がシリコン接着剤，④がPCB基板，⑤がコネクタ，⑥がグレーズ，⑦が発熱抵抗体，⑧がコモン電極，⑨がリード電極，⑩が保護層，⑪がドライバ基板，⑫がIC保護用樹脂，⑬がICカバーである。

図 8-3-1-a　サーマルプリントヘッドの構造例

発熱抵抗体に電流を流すと，

$$J = P_s \times \frac{V^2}{R}$$

の熱量を発生する。

ここに，J：ジュール熱，P_s：通電時間，V：加える電圧，R：発熱抵抗体の抵抗値である。

発熱抵抗体が熱せられると，インクリボン方向に素早く熱を伝える。発熱抵抗体への通電を切断したときは，素早く放熱する工夫が必要である。したがって，熱伝導率の高いアルミナ基板などが多用されている。

(b) 熱履歴管理の概要

サーマルヘッドの制御部では，各発熱抵抗体の直近（場合によっては，複数回分）の発熱時間を記憶保持し，それらの時間を基にして次回の通電時間を制御する（熱履歴管理ともいう）。この制御を間違えると，発色濃度にばらつきが発生したり，直線状に薄い発色が残る場合がある。**図 8-3-1-b** に，サーマルヘッドの基本制御回路をブロック図で示す。

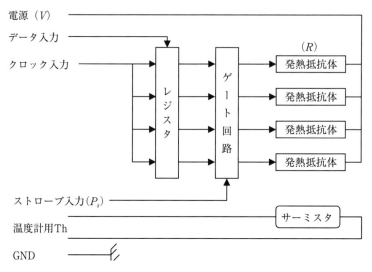

図 8-3-1-b　サーマルプリントヘッド制御ブロック図

8-3-2 感熱式プリンタ

　古くは，1965 年にアメリカの大手半導体メーカが，縦方向 7 ドットの感熱ヘッドを開発し，1969 年に自社のシリアルプリンタに用いた。それ以前は機械的な可動部が多いインパクト式プリンタが多く用いられていて，衝撃騒音に悩まされていたが，感熱式プリンタの登場によって，静音プリンタ全盛時代を迎えた。

　日本では，ロイコ染料を用いた書換え可能な感熱紙（感熱フィルム）が発表され，広い産業で実用されている。これは，制御した熱を加えることによって，発色／消去が繰り返し可能な媒体である。書換えができる他のデータキャリア（RFID など）と併用することによって，リライタブルハイブリッドメディアとなり，用途が大幅に広がる。

　図 8-3-2-1 に，リライタブルメディア（RM）およびリライタブルハイブリッドメディア（RHM）の位置づけを示す。

　また，図 8-3-2-2 に，一般的な感熱式プリンタの動作原理図を示す。

第 8 章 バーコードプリンタ II

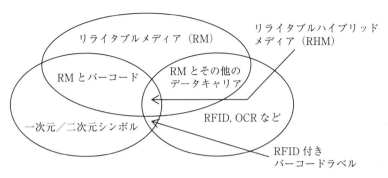

図 8-3-2-1　RM および RHM の位置づけ

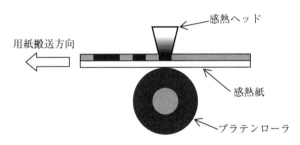

図 8-3-2-2　感熱式プリンタ動作原理

8-3-3 熱転写式プリンタ

バーコードをラベルに印字する用途として最も一般的なのが，熱転写式プリンタである。バーコード印字品質に優れ，印字後の耐性にも優れている。

図 8-3-3-1 に，熱転写式プリンタの印字原理を示す。

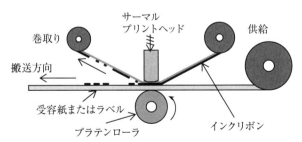

図 8-3-3-1　熱転写式プリンタの印字原理

155

専門編

図8-3-3-2に，熱転写式プリンタの代表的な構成要素を示す。

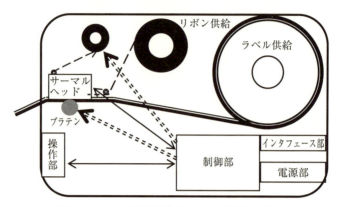

図8-3-3-2　熱転写式プリンタの構成要素例

次の①～⑨に，各部の概要を示す。
①電源部
　装置を動作させるために必要な，すべての電源を供給する。特に，サーマルプリントヘッド部には尖頭（ピーク）電流が必要なため，電源の内部抵抗が低いことが要求される。
②インタフェース部
　外部（ホストなど）との通信を行う物理的なインタフェースであり，パラレル（IEEE 1284），RS232，USB，有線LAN，無線LANなどの種類がある。また，この他にラベラーおよびPLCなどの外部機器とのインタフェースとして，接点信号の入出力を備える場合もある。
③操作部
　各種操作スイッチ，LCD表示，LED表示，ブザーなどがある。
④制御部
　データ通信，コマンド解釈，画像作画処理，モータ駆動，ヘッド駆動，センサ感知，自己診断など，装置全体の制御を行う。組み込んでいるCPUは，これらの制御を並行処理する必要があるため，高速で動作するRISC，DSPなどが用いられている。
⑤ラベル供給
　ロールラベル（巻きが逆の場合がある），折り畳み（ファンホールド）紙，

タグなどを供給する。装置に内蔵する場合と、装置の外から供給する場合とがある。適切なバックテンションが必要なことと、初動の過負荷を和らげるテンションアームなどが必要である。

⑥**リボン供給**

未使用リボン（巻きが逆の場合がある）を装填する。サーマルヘッド部で皺が発生しないように、適切なバックテンションをかけている。皺をなくすためには、リボン搬送部の各種ガイドの平衡度、印圧バランス、印字データの偏りなどに注意が必要である。

⑦**リボン巻取**

使用済みのリボンを巻き取る。適切なテンションが必要である。

⑧**センサ**

台紙の有無、台紙幅、リボンの有無、ラベル間ピッチ、カバーの開閉、ヘッド切れなどを検知する。センサではないが、装置の稼働時間およびラベルの発行枚数などをカウントする場合もある。

⑨**オプション**

カッター、剥離機構、巻取機、印字品質検証器などがある。

8-3-4 インクジェット式プリンタ

インクジェット式プリンタには、一般用（事務用、パーソナル用など）と工業用とがある。

インクを噴射する方式には、主に次の二つの方式がある。

(a) **ピエゾ方式**

電圧を加えることによって変形する素子（圧電素子）を用い、インク滴を噴射する方式である。図8-3-4-aに、ピエゾ方式の動作原理を示す。

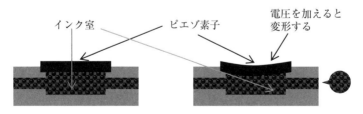

図8-3-4-a　ピエゾ方式の動作原理

(b) サーマルジェット❶方式

熱を加えることによって，細管内のインクを沸騰させて気泡を作り，気泡の圧力によってインクを噴射する方式である。

図 8-3-4-b に，サーマルジェット方式の動作原理を示す。

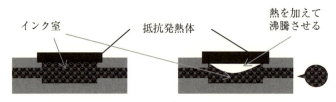

図 8-3-4-b　サーマルジェット方式の動作原理

(c) その他

インクジェットプリンタには，もう一つの印字原理（電子偏向版方式）があるが，現在ではほとんど使われていないので，本書では採り上げない。今後，新しい技術が開発され，マトリックス形二次元シンボルのドットコード（dots code）が普及すると，高速印字方式として復活する可能性がある。

8-3-5　電子写真式プリンタ（レーザプリンタ）

電子写真式プリンタの動作原理，選定の注意点および運用コストなどを，次の (a)～(c) に記す。

(a) 作像工程

レーザプリンタの作像方式を，電子写真（*electrophotography* または *xrography*）方式と呼ぶ。電子写真は，帯電した誘電体❷表面に，光導電性❸を利用して静電潜像電荷パターンとして像を形成し，この静電潜像にトナーを電気的に吸引させて現像することを基本にしている。

電子写真で画像を形成するには，通常，次の七つのプロセスを経る。

①帯電：電子写真感光体を均一に帯電させる。
②露光：感光体に光を照射して，部分的に電荷を逃がし，静電潜像を形成する。

---

❶メーカによっては，バブルジェットと呼ぶこともある。
❷通常は絶縁体であり，電界中で分極し電荷をもつ物質である。
❸光を照射する前は電気絶縁体であるが，光を照射すると電気抵抗が低くなる性質をいう。

③**現像**：帯電したトナーで，静電潜像上に可視画像（トナー像）を形成する。
④**転写**：現像したトナー像を，紙または他の転写材に移動させる。
⑤**定着**：転写画像を融着して，転写材上に画像を固定する（同時に除電ブラシで紙を除電する）。
⑥**クリーニング**：感光体上の残トナーを清掃する。
⑦**除電**：感光体上の残留電荷を消す。

除電後は，①に戻って再び帯電を行い，次の画像を形成する。

静電潜像を現像で可視化する方式には，光を照射した以外の部分を現像する正規現像方式と，照射した部分を現像する反転現像方式とがある。レーザプリンタでは通常，反転現像方式を用いる。これは，一般的な原稿では画像部の面積は非画像部よりも少ないため，反転現像方式の方が感光体およびレーザ部品の光学的な負荷を低減できるためである。

図 8-3-5-a に，反転現像方式の電子写真プロセスの概略を示す。

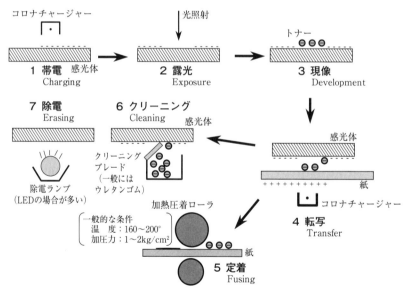

図 8-3-5-a　反転現像電子写真プロセスの概要

(b) **レーザプリンタ選定に当たっての注意点**

レーザプリンタのような電子写真方式は，現像特性として線幅のばらつきが

やや大きいという短所があるため，機種によっては十分な印字品質を得ることができない場合がある。レーザプリンタでは，印字時の濃度が薄いほど黒線が細くなるという特性があるので，印字時には標準の濃度設定になっていることを確認した方がよい。また，高湿度環境中および長期間使用後には，細線の再現性が低下する場合があるので，注意が必要である。プリンタの選定に当たっては，用いるバーコードの種類に応じた解像度をもつことと，推奨される使用環境等を確認しておくことが望ましい。

(c) 消耗品と運用コスト

レーザプリンタには，トナーカートリッジおよび感光体カートリッジを別個に交換するタイプと，プロセスカートリッジとしてトナーおよび感光体を同時に交換するタイプとがある。いずれの場合も消耗品としての値段は高価であるが，交換頻度が5千〜1万枚印字に1回程度であるため，プリント1枚当たりにかかるコストは他方式のプリンタに比べて安価な場合が多い。また，消耗品はカートリッジタイプなので交換時の作業が簡単であり，取扱性は優れている。なお，メーカ純正品と他社品とでは，トナーの特性が一致しないため，他社品では純正品よりも画像が劣る場合がほとんどである。交換時には，メーカ純正品を用いることを推奨する。

8-3-6 バーコードマスタ（フィルムマスタ）

バーコードを印刷するには，ソースマーキングのための商用印刷と枚葉表示のためのバーコードプリンタで印字する方法とがある。

バーコードマスタは，前者の商用印刷で用いる印刷版を作る基になる版下に相当するものである。一般に，写真用のフィルムに光学的にバーコード画像を露光して作成する。作成したバーコードマスタの寸法は，温度 $0 \sim 60$ ℃，相対湿度 $10 \sim 70$ % の範囲で，温度1℃当たりの寸法変化が 0.01 % 以内，相対湿度1%当たりの寸法変化が 0.01 % 以内の基材（写真用フィルムなど）に形成する。また，写真用フィルム上に作成したバーコードマスタは，最適寿命を維持するために，ISO 5466 に規定した保管条件下に保存することが望ましい。

図 8-3-6-1 に，商用印刷とバーコードプリンタによるバーコード印刷（および印字）工程の様子を示す。

第 8 章　バーコードプリンタ Ⅱ

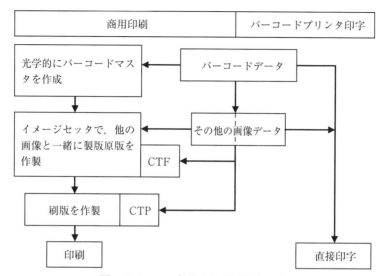

図 8-3-6-1　一般的な印刷／印字工程

　バーコードマスタは，コンピュータやバーコードプリンタなどの記憶装置にイメージするデジタルイメージとは異なる。

　精密なバーコードマスタを用いて印刷しても，印刷方式の違いおよびインクと基材との相性などによって，印刷品質は異なる。特に，網点に分解して印刷する方式では，網点数の多少または大小にかかわらず，バーエッジが不鮮明になる。

　図 8-3-6-2 に，網点を用いた印刷例を示す。

図 8-3-6-2　網点印刷の例

8-3-7 商用印刷（ソースマーキング）

商用印刷の概要および分類は，次のとおりである。

(a) 概要

商用印刷は，同一のバーコード，文字，画像などを大量に印刷する方式である。大形の印刷機を用いて，ロール状の紙，フィルムなどの媒体に高速で印刷する。

印刷方式の種類は，版（印刷版，刷版，活版などと呼ぶ）の形状で分類する方法と印圧によって分類する方法とがある。いずれの方式も，印刷版とインクを用いて印刷する。

印刷原版を製造するには，バーコードマスタおよびその他の文字・画像などを，イメージセッタを用いて印刷版の原版を作成する方法（CTF：*computer to film*）と，コンピュータで作ったバーコード画像などを基にして，直接，刷版を作製する方法（CTP：*computer to plate*）とがある（図 8-3-6-1）。

(b) 版の形状による分類

印刷方式は，版の形状によって分類することができる。

1）凸版印刷（フレキソ印刷）

凸版印刷は，フレキソ印刷とも呼ばれる。印刷部分（線画部）が凸状で，しかも左右逆に作られた版の凸部にインクをのせて印刷する方式である。

印刷物には，マージナルゾーン（凸部のインクが加圧され，インクが周りにはみ出る現象）ができる。バーコードシンボルでは，これがバーエレメントの太り量となる。特にフレキソ印刷では，印刷物が厚手で柔らかいもの（段ボール，クラフト紙など）および柔らかい版で注意が必要である。

2）凹版印刷（グラビア印刷）

凹版印刷は，グラビア印刷とも呼ばれる。凹版印刷の原理は，線画部を凹状にした版にインクを埋め込んだ後，ドクタブレードと呼ばれる薄い鋼鉄製の刃で表面を擦って，凸部のインクを除き，凹部に残ったインクを利用して印刷する方式である。凹版印刷では，濃淡は網点の深い，浅いまたは網点の大小で表現する。そのため，バーコードを構成するエレメントのエッジおよび二次元シンボルを構成するモジュールのエッジが網目模様になってしまい，シャープな直線にならない。

シンボルを拡大・縮小する場合，網点メッシュの解像度によっては，エレメントまたはモジュールの寸法に不揃いが出る場合がある。

3）平版印刷（オフセット印刷）

版自体に凸凹を付けずに，水と油の反発性を利用した印刷方式である。石版と金属版の二つの方式がある。グラデーションの表現は，網点の大小を利用する。

4）孔版印刷（スクリーン印刷）

インクを通さない物質を一様に塗布した版に，発色させたい部分だけその物質を除去し，上からインクローラなどで圧力を加えて，インクを染み出させる方式である。代表例として，ガリ版印刷は，蝋を塗った原紙をヤスリ状の板の上に置き，鉄筆で擦って蝋を除去してからシルクスクリーンに貼って，上からローラでインクを押し付けて印刷する。

(c) 印圧による分類

インクを媒体に転写するには，印圧が必要である。この印圧を加える方法によっても，印刷方式を分類することができる。

1）平圧方式

版も印刷媒体も平面状で，上下運動によって印圧を加える方式である。印鑑の押印と同じ原理である（図 8-3-7-c1）。

図 8-3-7-c1　平圧方式の原理

2）円圧方式

版を円筒状の版胴に巻き付け，版面を回転させて平面の印刷媒体に印圧を加える方式である（図 8-3-7-c2）。

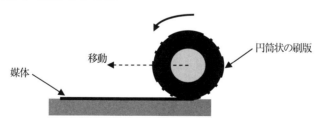

図 8-3-7-c2　円圧方式の原理

専門編

3）輪転方式

版を円筒状の版胴に巻き付け，回転しながら印刷する方式である。印刷媒体も，同一方向に同じ速度で移動する（図8-3-7-c3）。

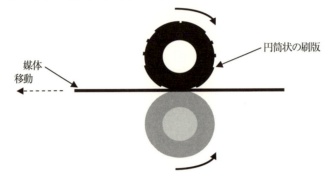

図8-3-7-c3　輪転方式の原理

8-4　プリンタ印字性能評価仕様

ここでは，JIS X 0527で規定している最小印字分解能の測定および最大印字速度の測定について補足する。

8-4-1　最小印字分解能の補足

4-7-1「最小印字分解能」では，バーコードプリンタの最小印字分解能を求めるときの考え方を解説した。JIS X 0527では，特別なパターンを印字して最小印字分解能を求める方法も規定している。例えば，図8-4-1のようなパターンである。

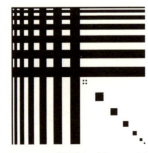

図8-4-1　特別なパターンの例

左上隅部にある形の異なる大小の長方形および正方形の個数が，何個識別できるかによって，最小印字分解能のランクを求める方法である。最も細いバーエレメントおよびスペースエレメントは，公称 200 dpi のプリンタの場合が 1 ドットである。このパターンでは，受容紙の搬送方向が柵(さく)状印字および梯子(はしご)状印字の場合でも，同じ結果を求めることができる。

この評価試験では，受容紙およびサーマルインクリボンの選択，プリンタの印字設定は自由である。

8-4-2　最大印字速度の補足

4-7-2「最大印字速度」では，バーコードプリンタの最大印字速度を求めるときの考え方を解説した。JIS X 0527 では，規定されたバーコードを印字して，最大印字速度を求める方法を規定している。例えば，図 8-4-2 のようなバーコード（実物は，網掛けはない）である。

図 8-4-2　規定されたバーコードの例

一次元シンボルはバーコードリーダで読みづらいエレメント並びであり，二次元シンボルは誤り訂正コード語を使いきった状態のシンボルである。

8-5　ダイレクトマーキング

市場要求である安心，安全を保障するためには，個品管理が必須となる。そのためには，製品，部品にシリアル番号（ユニーク ID）をあらかじめ作成しておき，製品，部品などに添付するのも一つの方法である。しかし，効率化のためにラベルを添付するのを自動化するよりは，ダイレクトマーキングの方が適している。この技術は，現在，急速に市場が拡大している。

8-5-1 レーザマーキング

レーザマーキングの概要,特徴およびマーキング例は,次のとおりである。

(a) 概要

レーザ (light amplification by stimulated emission of radiation : LASER) 方式は,製品,部品などに直接マーキングが可能であり,高品質なマーキングおよび消えないマーキングが可能である。そのため,従来から刻印,捺印,ラベル貼付などによってマーキングを行ってきた多くの分野,用途で,広く用いられている。この方式は,マーキング速度が速い,ワークにストレスがかからないなどのメリットがる。

レーザ方式には,マスク式とスキャニング式の2種類があり,用いるレーザも CO_2(炭酸ガス)レーザおよびYAG (yttrium alminum garnet : 通称「ヤグ」)/ファイバー (fiber) レーザに大別され,それぞれの特徴によって使い分けられている。YAGレーザおよびファイバーレーザは,レーザ波長がほぼ同じであるが,発振(励起)方式が異なる。

(b) 特徴

マスク式は,マーキング内容の種類数だけマスクを必要とする。マスク生産に多額なコストが発生することと,品種切り換え時にマスクを交換する手間が発生する。

スキャニング式でのマーキング内容の変更は,データの変更だけで簡単に行え,コストも少なくてすむ。

スキャニング式は,**図 8-5-1-b** に示すように,レーザ発振器からのレーザビームを,X方向用およびY方向用の二つのガルバノミラー (galvanometer mirror : 制御された振動ミラー) によって自在に二次元走査させ,集光レンズ(通常は,$F\text{-}\theta$ レンズ)によってワークに結像(エネルギーの一点集中)させてマーキングするものである。マーキングは,キャラクタサイズにもよるが,500キャラクタ/秒と非常に高速である。また,レーザはコヒーレント (coherent : 位相の揃った,可干渉) 光および単一波長であるため集光性に優れており,パワー密度も高く,極小ビームスポットが得られるために,微細なマーキングが可能である。

マーキングは,樹脂ケース,半導体パッケージといった樹脂素材に,発泡/化学変化によってコントラストを発生させる**表面変質**,自動車などの金属素材

に，深堀によって視認性を発生させる**表面除去**，モバイル機器などのキートップなどの塗装膜付き樹脂成型部品に塗装膜を除去することによってコントラストを発生させる**塗装膜除去**，樹脂成型部品などの樹脂素材に，熱によってマーキング部を溶かすことで視認性を得る**表面融解**など，その加工形態はさまざまである。

YAG／ファイバーレーザは，装置が高価であるが，金属への表面除去および樹脂への表面変質が可能である。CO_2 レーザは，装置が安価であるが，金属への表面除去ができず，樹脂に対しては表面融解によって視認性を得る。このような加工形態の違いは，レーザの発振波長の違い，レーザパワーおよびレーザ照射時間（パルス，連続など）によって生まれる。ユーザアプリケーションに合ったマーカを選択するのが望ましい。

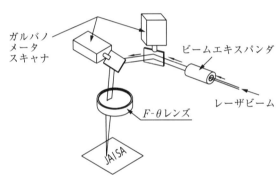

図 8-5-1-b　スキャニングレーザマーカ原理図

(c) マーキング例

写真 8-5-1-c に，レーザマーキングの例を示す。

ガラスエポキシ基板　　アルミニウム　　ビニル

写真 8-5-1-c　マーキング例

8-5-2　ドットインパクトマーキング

ドットインパクトマーキングの概要，特徴およびマーキング例は，次のとおりである。

(a) 概要

ドットインパクト方式とは，図 8-5-2-a に示すように，超硬質金属でできているスタイラスと呼ぶ針状の棒をワークに衝突させて，ワークに物理的な"くぼみ（*dimple*）"を作る方式である。レーザ方式およびインクジェット方式が，ワークに非接触マーキングするのに対して，ドットインパクト方式は接触式であることを特徴とする。

スタイラスの上下動は，圧縮空気で電磁弁を開閉して行う。くぼみの深さは，圧縮空気圧，スタイラスの先端形状およびワークの材質によって異なるが，通常は 40 ～ 80 μm 程度である。また，くぼみの断面形状は，スタイラス先端の形状に依存する。

打刻時の衝撃は 20 ～ 30 N（2 ～ 3 kgf）程度であり，刻印およびプレス式のような荷重が加わらない。このため，アルミ製のエンジン部品など，ひずみを嫌う部品へのマーキングにも採用されている。スタイラスおよびスタイラスを保持する部品などで構成した組立部品（*assembly*）を，2 軸（X 軸，Y 軸）の数値制御装置（NC：*numeric control machine*）に取り付けて移動させれば，文字およびバーコード（主に，マトリックス形二次元シンボル）を描くことも可能である。

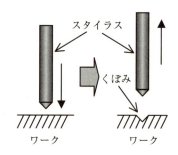

図 8-5-2-a　ドットインパクト方式の概念

(b) 特徴

スタイラスを移動させ，ドットを一つずつ打つという工程を繰り返すため，

マーキング速度は，レーザ方式およびインクジェット方式よりも遅い。また，印字分解能も低く，見た目のきれいさはレーザ方式およびインクジェット方式に比べて劣るが，印字後の品質劣化が少ないため，長期的に用いる部品などへのマーキングに適している。この方式は，ワーク表面の（油などの）汚れに強く，低コストで安全にマーキングできるといったメリットがある。

(c) マーキング例

写真 8-5-2-c に，ドットインパクトマーキングの例および読取画像の例を示す。

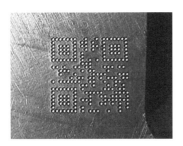 

写真 8-5-2-c　マーキング例および読取画像の例

8-5-3 インクジェットマーキング

インクジェットマーキングの概要，特徴およびマーキング例は，次のとおりである。

(a) 概要

インクジェット方式とは，インクを吹き付けてマーキングをするものであり，4-2-3「インクジェット式プリンタ」のインクジェットプリンタと同じ原理である。ただし，ここでは，生産に直結し，信頼性の高い要求がある産業用のインクジェットマーキングが対象である。

(b) 特徴

産業用インクジェットプリンタの用途としては，多種類の容器に対する製造者固有の記号などの管理表示が一般的である。缶の底への製造年月日，賞味期限などである。製品に直接表示できない場合は，パッケージに表示する。

産業用インクジェットをインクタイプ別に分類すると，表 8-5-3-b に示すように3種類がある。二次元シンボルのダイレクトマーキングには，高解像度

専門編

および滲みのないマーキングが可能な熱可逆性インクを用いるのがよい。

表 8-5-3-b　インクタイプの特徴

インクタイプ	溶剤インク	水性インク	熱可逆性インク
安全性	×	△	◎
マーキング品位	△	×	◎
二次元シンボルマーキング	△	×	◎
マーキング接着強度	◎	△	○

◎：大変よい　　○：よい　　△：普通　　×：よくない

産業用インクジェットプリンタの特徴は，次のとおりである。

1) 色を指定できる

インクジェットプリンタは，色を指定できる特徴がある。

2) 高汎用性

直接，製品にインクを付着させるため，多くの媒体にマーキングすることが可能である。

3) ノンソルベント（溶剤不使用）

産業用インクジェットプリンタには，溶剤を用いることが多いが，溶剤は用いないのが望ましい。溶剤を用いない現場では，作業者の安全性が高く，溶剤に起因する機器のトラブル回避，インクの固着防止および環境対応も容易であり，ランニングコストの低減にもつながる。

4) 高信頼性

従来，産業用インクジェットプリンタは，必ずと言っていいほどインク詰まりのトラブルが発生していた。この問題を解決したのが，常温個体の熱可逆性インクであり，現状では，インク詰まりのトラブルが皆無になっている。

(c) マーキング例

写真 8-5-3-c に，工業用インクジェットプリンタのマーキングの例を示す。

写真 8-5-3-c　工業用インクジェットプリンタのマーキング例

8-5-4　サーマルマーキング

サーマルマーキングの概要，特徴およびマーキング例は，次のとおりである。

(a) 概要

サーマル（感熱式および熱転写式）プリンタの概要については，4-2-2「熱転写式プリンタ」でも解説している。ここでは，産業用として用いるサーマルプリンタについて記す。

産業用としての活用では，生産現場で用いるため，悪環境への適用性，印字後の耐久性などへの配慮が必要となる。

(b) 特徴

感熱式マーキングは，マーキング品質が高い，プリンタ構造がシンプルである，感熱リボンが不要などの長所がある。一方，発色が熱による反応であるため，熱，紫外線，摩擦などに弱いといった短所もある。

熱転写式マーキングは，熱溶融インクをインク受容媒体に転写するマーキング方式である。マーキング品質が高い，マーキング後の耐性が高い，受容紙，ラベル，フィルムなどのさまざまな媒体にマーキングできる長所がある。短所としては，熱転写リボンを用いるため，ランニングコストが高くなる。

(c) マーキング例

図 8-5-4-c に,熱転写式マーキングの例を示す。

図 8-5-4-c　熱転写式マーキングの例

8-5-5　その他

　一般用としての読取装置(バーコードリーダ)については,第5章で解説している。

　ダイレクトマーキングで用いる工業用の読取装置については,標準となるような読取技術が確立していないため,時期尚早と判断し,本書では採り上げないことにした。

　ダイレクトマーキング用の品質検証装置は,本書を発行する時点では,技術的に確率されていないため(ISO/IEC 規格を審議中である),時期尚早と判断し,本書では採り上げないことにした。

専門編

第 9 章

印字品質評価および検証器

- 9-1　一次元シンボル印字品質評価仕様
- 9-2　二次元シンボル印字品質評価仕様
- 9-3　ダイレクトマーキング品質評価仕様
- 9-4　一次元シンボル用検証器適合仕様
- 9-5　二次元シンボル用検証器適合仕様

Summary

　第9章では，バーコードを印字したときの品質仕様について，基本編で採り上げた種類，概要に加えて，専門技術者が知っておくべき技術的な内容を解説する。

　ここでは，バーコードを印字した後の品質について，技術的に特有な特徴について理解する。

専門編

9-1 一次元シンボル印字品質評価仕様

ここでは，バーコード印字品質の歴史，印字品質評価の基本および印字品質試験仕様について解説する。

9-1-1 バーコード印字品質の歴史

図 9-1-1 に，バーコード印字品質に関連する市場動向，検査方法および関連規格のトレンドを示す。

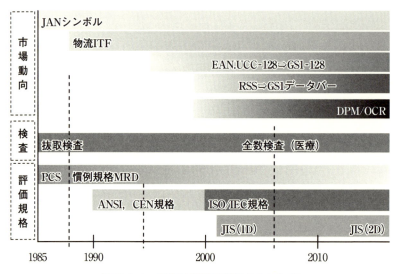

図 9-1-1　印字品質関連項目のトレンド

JAN シンボルは，1978 年に JIS B 9550 共通商品コード用バーコードシンボル[1]として規格が制定された。JAN シンボルが本格的に普及したのは，1982 年に大手コンビニエンスストアが JAN シンボルの採用を宣言してからである。

1994 年には JIS X 0502 物流商品コード用バーコードシンボルが制定され，シンボルを段ボール箱などに直接印字するようになった。

---

[1] 1985 年に JIS X 0501 に改定，2008 年に廃止。2004 年に JIS X 0507 EAN/UPC を制定。

これらのシンボルの普及によって，市場に流通するシンボルが，読みづらい，間違えて読む，読まないといったクレームがでるようになり，印字が悪いのかリーダが悪いのかを判別する手助けとして，バーコード検証器が必要になった。

印字品質を評価する規格は，1990年以前は，検証器メーカ独自の慣例規格（*traditional standard*）が主流であった。慣例規格は，バーコードを印字するときに注意しなければならない項目［バー幅寸法，PCS（*print contrast signal*）など］を測定しており，リーダで読むときの「読み易さの度合い」までは考慮していなかった。慣例規格だけでは，SCMにおける川上から川下までを通した印字品質を管理することができなかったことから，1990年にANSIが「リーダで読むときの読み易さの度合い」を5段階のグレードで評価する規格 ANSI X 3.182 Bar code print quality guideline を制定した。

2000年にANSI X 3.182を基にしたISO/IEC 15416が制定され，そのISO/IEC規格のIDT（*identical*：一致規格）として，「JIS X 0520 バーコード印刷品質試験仕様：一次元シンボル」が制定されている。

1990年代後半には，商品識別コード以外のデータも表現できる，EAN.UCC-128（後に，GS1-128）およびRSS（後に，GS1データバー）が用いられるようになり，印字品質の重要性がいっそう増すようになった。重要性が増すことによって，シンボルの印字品質検査が，抜取り検査から全数検査をするようになってきた（特に，医薬品）。

9-1-2　印字品質評価の基本

印字品質評価仕様には，一次元シンボル用および二次元シンボル用の二つの規格がある。どちらのシンボルも，リーダで読むときは，照明光によってシンボルを照明したときの反射光で読む。そのため，印字品質試験仕様も，基本的にリーダと同じ読取原理を用いている。

印字品質評価のための技術要素を，次の (a)〜(d) に示す。

(a) 照明光

シンボルを照明する光源はリーダの光源と同じ波長が望ましいが，実運用では同じにするのが困難なため，検証器センサ光源の波長を検証結果報告書に記入するように求めている。例えば，検証結果が2.5/06/650の場合，印字品質総合グレード(2.5)，センサの測定開口径(06：1 000分の6インチ)，波長(650 nm)を表している。

(b) 測定開口径

測定開口径は，測定するシンボルの最小エレメント幅 (X) または最小モジュール寸法の 0.5 〜 0.8 倍を推奨している（**表 9-1-2-b**）。

0.8 倍よりも大きくなると，ボイド（*void*，バーエレメント中の小さな明反射率斑点）およびスポット（*spot*，スペースエレメント中の小さな暗反射率斑点）によるノイズに強くなるが，明暗のエッジがなだらかな曲線になり，細エレメントの振幅が小さくなるため，サンプリング誤りを起こしやすくなる。また，LPF（*low-pass filter*：低域通過フィルタ）効果が高くなると，細エレメントを検知できなくなるため（**図 9-1-2-b1**），モジュレーション（*modulation*）の値が悪くなる。

0.5 倍よりも小さくなると，ボイドおよびスポットによるノイズを拾いやすくなり，印字品質評価項目の欠陥（*defect*）の値に影響を与える（**図 9-1-2-b2**）。

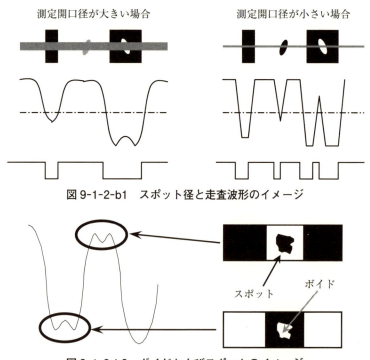

図 9-1-2-b1　スポット径と走査波形のイメージ

図 9-1-2-b2　ボイドおよびスポットのイメージ

表 9-1-2-b は，X 寸法範囲に対する測定開口径の推奨値である。センサ番号 06 に対する仕様は，GS1 総合仕様で定めた内容であり，EAN シンボルの倍率 0.8～2.0 の範囲をカバーするとしている。各規格では，測定開口径に対する X の値が最小と最大とでは，総合印字品質グレード値がどれだけ異なるかには触れられていない。

表 9-1-2-b　X 寸法範囲に対応した推奨測定開口径

最小エレメント寸法 X(mm)	測定開口径(mm)	センサ番号
$0.102 \leq X < 0.178$	0.076	03
$0.178 \leq X < 0.330$	0.127	05
$0.264 \leq X < 0.660$	0.152	(06)
$0.330 \leq X < 0.635$	0.254	10
$0.635 \leq X$	0.508	20

(c) 走査速度および X 寸法

印字品質の測定は，最小エレメント（またはモジュール）寸法（X）に相当する距離を，適切な回数サンプリング（$sampling$：抽出）できるような速度で，シンボル全体を走査しなければならない。走査速度が速い場合はサンプリング回数が少なくなり，遅い場合はサンプリング回数が多くなる。サンプリング回数が多いほど誤差の少ない走査波形が得られるが，メモリの消費量は大きくなる（図 9-1-2-d）。

(d) A/D 変換器の分解能

A/D 変換器を用いて階段状（離散的デジタル信号）に変換する場合は，振幅方向分解能が 8 ビット以上であることが望ましい。変換速度が速いことはもちろんであるが，入力電圧を何ビットでデジタル化するかによっても，サンプリング誤りに影響を与える。1 ビット変換器で高速サンプリングする方法（$\Delta\Sigma$ 変換）もあるが，通常は 8 ビット以上で行っている。8 ビットの場合，振幅方向の誤差は約 0.4% である。

専門編

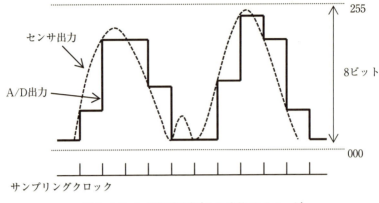

図 9-1-2-d　離散的デジタル変換のイメージ

　図 9-1-2-d は，センサ出力のアナログ波形（破線）を離散的デジタル信号（太い実線）に変換した例である。アナログ波形とサンプリングクロックが交差した点の値（8 ビットの場合，範囲は 000 ～ 255）が，A/D 変換器の出力になる。この例では，サンプリング回数が少ないために，センサ出力波形と A/D 出力波形とが大きく異なっているが，サンプリング回数が約 30 回以上になると，センサ出力波形と A/D 出力波形は類似して見えるようになる。

　例えば，図 9-1-2-d の A/D 変換器出力並びは，左から順に ¦005 061 189 189 104 005 005 113 203 189 061 005¦ のように階段状になる。A/D 変換器のビット数が 10 ビットだとすると，255 の値は 1023 になり，振幅方向の分解能（または誤差）は約 0.1% になる。

9-1-3　一次元シンボル用印字品質試験仕様

　バーコード印字品質試験仕様の概要，原理および走査について，次の (a)～(d) に記す。

(a) 概要

　JIS X 0520 は，印字した一次元シンボルの特性を詳細に測定する方法を規定し，さらに，それぞれの測定値を評価する方法およびシンボル品質を総合的に評価する方法を規定している。また，一次元シンボルを測定した結果が，最適なグレードから下回る原因を示し，ユーザが適切にプリンタなどの機器調整ができるような情報を提供している。

第9章 印字品質評価および検証器

(b) 検証の原理

図9-1-3-b に，センサの光学的な配置例を示す。

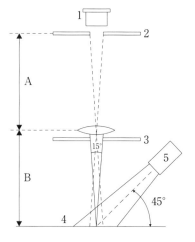

1	受光センサ
2	距離 $A=B$ のときに $1:1$ の径になるような，測定開口径を決めるピンホール板
3	余分な反射光をカットする遮蔽板
4	試供品バーコードシンボル
5	照明光源

　シンボルを照明する光源（5）は，シンボル表面（4）の45°斜めから，測定領域を均一に照明するのが望ましい。照明光源を複数用いる場合もある。
　シンボル面に対して，垂直方向に光学装置（1〜3）を配置する。

図9-1-3-b　センサの光学的な配置原理

　これらの配置は，シンボルからの鏡面反射の影響を最小にし，拡散反射光を最大限利用できる配置を意図している。また，一貫性のある測定ができるための基礎を与えることを意図している。数値的に，この光学的配置と同じ特性を関連づけることができれば，これ以外の配置でもよい。

(c) 測定領域

　センサでシンボルを走査するには，**図9-1-3-c** のように，シンボル高さを10等分した場所を，通常は合計10回走査する。
　シンボルの印字品質総合グレードは，各走査の最低総合グレードを10回分集め，その平均によって求める。

専門編

ここに，1. 測定領域（通常，平均バー高さの80%），2. バー高さの10%，3. バー高さの10%，4. QZ，5. 走査場所，6. バーの下端である。

図9-1-3-c　測定領域および走査場所

(d) 走査反射率波形

各走査で得た走査反射率波形（*scan reflectance profile*）を基にして，すべての試験項目を測定する。反射率100%の基準は，硫酸バリウム（$BaSO_4$）または酸化マグネシウム（MgO）に照明光を照射したときの反射率である[1]。反射率0%の基準は，照明光の反射光が0%の場合である[2]。

図9-1-3-dに，走査反射率波形の例を示す。

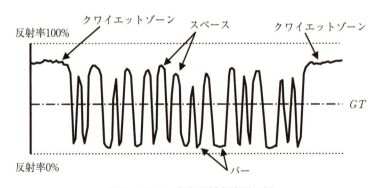

図9-1-3-d　走査反射率波形の例

---

[1] 実際の検証器では，反射率85%近辺の校正用ラベルを用いる場合が多い。
[2] 実際の検証器では，反射率3%近辺の校正用ラベルを用いる場合が多い。

一般に,一次元シンボル全体を1回走査するには,1万サンプリング(8ビットA/D変換で約10 KB)程度が必要である。

適正な測定開口径および光源の波長を選択しないと,正しい走査反射率波形を得ることができない。また,走査速度が一定でない場合やシンボル面が水平でない場合も,正しい走査反射率波形を得ることが困難になる。

9-1-4 評価仕様

各評価パラメタの内容を,次の (a)〜(l) に記す。

(a) エレメントの決定 (GT)

図 9-1-3-d で,中央の GT は全域的閾値(global threshold)であり,この位置よりも反射率が高い方が明反射率(スペースエレメント),逆に GT よりも低い方が暗反射率(バーエレメント)である。

GT は,次の計算式によって求める。

$$GT = \frac{R_{\max} + R_{\min}}{2} \quad \text{または} \quad GT = R_{\min} + \frac{SC}{2}$$

ここに,$R_{\max}$:最大反射率,$R_{\min}$:最小反射率,SC:シンボルコントラストである。

(b) エレメントエッジの決定

走査反射率波形で,隣り合うスペースエレメント(R_s)とバーエレメント(R_b)との中間点がエレメントエッジである。

$$エレメントエッジ = \frac{R_s + R_b}{2}$$

バーエレメントおよびスペースエレメントの中にエレメントエッジが複数ある場合は,エレメントエッジの決定を不合格とする。エレメントエッジが複数になる原因には,ボイドやスポットなどがある。

図 9-1-4-b に,エレメントエッジ決定の様子を示す。

専門編

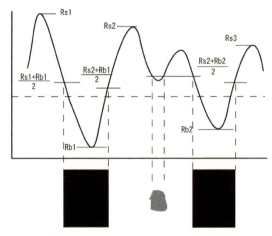

図 9-1-4-b　エレメントエッジの決定

(c) 最小反射率

最小反射率（R_{min}）は，走査反射率波形の中で最小の反射率である。一つ以上のバーエレメントの反射率が，最大反射率の1/2以下でなければならない。

$$R_{min} \leqq R_{max} \times 0.5$$

特に，カラーバーおよび灰色バーなどでは，注意が必要である。

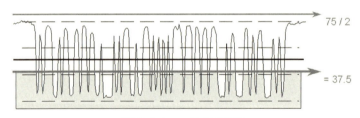

図 9-1-4-c　最小反射率

(d) 最小エッジコントラスト

最小エッジコントラスト（EC_{min}）は，シンボル全体の隣り合うスペースエレメントおよびバーエレメントで，スペースエレメントからの反射率からバーエレメントからの反射率を減じた値の最小値である。

バー幅の太り，不適切な印刷条件，基材の不透明度，測定開口径が大き過ぎるなどによって，EC_{min} 値が低下する。

このパラメタは，単独でグレード評価をすることはない。

第9章　印字品質評価および検証器

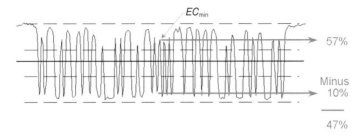

図9-1-4-d　最小エッジコントラスト

(e) シンボルコントラスト（SC）

最大反射率（R_{max}）から最小反射率（R_{min}）を減じた値である。

$SC = R_{max} - R_{min}$

SCは，次の5段階のグレードによって評価する。

　　　A ≧ 70%　　B ≧ 55%　　C ≧ 40%　　D ≧ 20%　　F ＜ 20%

JIS X 0501（廃止）およびJIS X 0502で用いているPCS（*print contrast signal*）は，次の計算式によって求める。

$$PCS = \frac{R_L - R_D}{R_L}$$

ここに，R_L：明反射率，R_D：暗反射率である。

この評価法では，R_Lの値が小さい場合でも，R_Dの値も小さければPCS値が良好な値になることから，最小PCSの値を得るために，R_LおよびR_Dの最小値を規定している。

1994年以降のJISバーコードシンボル体系仕様では，MRD（*minimum reflectance difference*：最小反射率差）を用いている。MRDは，次の計算式によって求める。

$MRD = R_L - R_D$

この計算式は，9-1-4-(d) の最小エッジコントラスト（EC_{min}）の考え方と類似している。EC_{min}の条件である「隣り合うバーおよびスペースにおける」をシンボル全体にまで拡張した考え方である。

(f) モジュレーション変調度

モジュレーション（MOD：*modulation*）は，シンボルコントラスト（SC）に対する最小エッジコントラスト（EC_{min}）の比率である。MODは，次の計

専門編

算式によって求める。

$$MOD = \frac{EC_{\min}}{SC}$$

MOD は,次の5段階のグレードによって評価する。

  A ≧ 0.70 B ≧ 0.60 C ≧ 0.50 D ≧ 0.40 F ＜ 0.40

モジュレーションを悪化させる原因には,エレメント反射率のばらつき,測定開口径のミスマッチなどがある。

(g) エレメント内の反射率不均一性

エレメント内の反射率不均一性（ERN : elements reflectance non-uniformity）は,バーエレメントおよびスペースエレメント内の不均一な反射率値であり,主にボイドやスポット（図9-1-2-b2 参照）によって発生する。

図9-1-4-g に,エレメント内反射率不均一の例を示す。

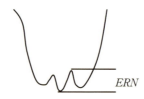

図9-1-4-g *ERN* のイメージ

$ERN_{\max}$ は,対象となるエレメントの ERN の中での最大値である。このパラメタは,単独でグレード評価をすることはない。

(h) 欠陥

欠陥（defect : DEF）は,シンボルコントラスト（SC）に対する $ERN_{\max}$ との比率である。欠陥は,次の計算式によって求める。

$$DEF = \frac{ERN_{\max}}{SC}$$

欠陥は,次の5段階のグレードで評価する。

  A ≦ 0.15 B ≦ 0.20 C ≦ 0.25 D ≦ 0.30 F ＞ 0.30

(i) 復号容易度

復号容易度（decodability）は,「復号のし易さ」の度合いである。一般に,エレメント幅のばらつき（図2-8-3-1,図2-8-3-2 参照）が少なく,太細比が仕様どおり明瞭に区別できれば,復号容易度は高い値を示す。復号容易度は,次の5段階のグレードで評価する。

第9章 印字品質評価および検証器

A ≧ 0.62　B ≧ 0.50　C ≧ 0.37　D ≧ 0.25　F < 0.25

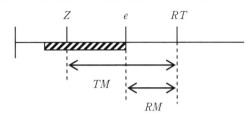

ここに，Zは実測細エレメント幅の平均値，eはエレメントの最も大きなばらつき値，RTは標準閾値，TMは合計有効マージン，RMは残りの有効マージンである。

図9-1-4-i　エレメント幅変動の様子

実測した平均エレメント幅（Z）および標準閾値（RT）があり，そのZには，ばらつき（網掛け部分）がある。RT方向へのばらつきで最も大きな値がeの場合，RTからの余裕度（マージン）は，合計有効マージン（TM）および残りのマージン（RM）で表すことができる。この考え方が，復号余裕度の基本になっている。

(j) 復号の完成

エレメントエッジによって測定した値を，参照復号アルゴリズムを用いて復号し，次の条件をすべて満たしたとき，復号は合格である。

①すべてのキャラクタが有効キャラクタである。
②有効なスタートおよびストップキャラクタである。
③有効なチェックキャラクタである（C/C付きの場合）。
④有効なクワイエットゾーンである。
⑤有効な文字間ギャップである（2値幅シンボル体系の場合）。

(k) 印字品質総合グレードの判定

印字品質総合グレードの判定には，10回の走査が必要である。

各走査による評価項目の中から，最小のグレード値（0〜4の整数）を選び，その走査のグレードとする。

合計10回の走査グレード値を加算して平均を求め，印字品質総合グレードとする。

印字品質総合グレードは，平均値の範囲によって次のように割り当てる。

　　A = 3.5 〜 4.0
　　B = 2.5 〜 3.4

専門編

C = 1.5 〜 2.4
D = 0.5 〜 1.4
F = 0.0 〜 0.4

(1) 判定結果の表示

判定したグレードは，"総合グレード／測定開口径／光源の波長"のフォーマットで表示する。例えば，総合グレード 2.8，測定開口径 0.127 mm，光源の波長 660 nm の場合，"2.8/05/660" である。

9-2 二次元シンボル印字品質評価仕様

ここでは，二次元シンボルの印字品質評価仕様について解説する。

9-2-1 概要

二次元シンボル用の印字品質試験仕様は，JIS X 0526（ISO/IEC 15415）で規定されている。

二次元シンボル体系は，マルチローシンボル体系およびマトリックスシンボル体系の2種類に分けることができる。二次元シンボルの印字品質試験仕様も，二つのシンボル体系によって仕様が異なる。共通する項目は反射率に関連する項目であり，一次元シンボル用の印字品質試験仕様（JIS X 0520）と同じ考え方である。

二次元シンボルでは，バーコードリーダで誤り訂正をしながら読むことができるように，データコード語と一緒に，誤り訂正コード語も符号化している。印字品質試験で"復号できたか"を判定するとき，誤り訂正レベルによっては，"読めなかった"と判断されるときもある。

9-2-2 マルチローシンボル体系

マルチローシンボル体系は，一次元シンボルのエレメント高さを低くし，複数の段に積み重ねた構造であるため，基本的に，JIS X 0520 によって試験をすることができる。同様に，スタートキャラクタおよびストップキャラクタが各段に共通しているため（図 3-2-1 参照），シンボルから分離して印字品質を試験することもできる（図 9-2-2 左列）。

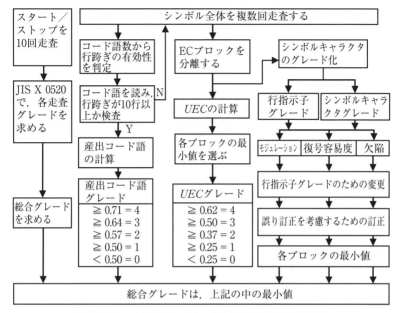

図 9-2-2　マルチローシンボルの印刷品質試験手順

図 9-2-2 は，マルチローシンボルで「行跨ぎ走査」をするときの試験手順フローである。図中の産出コード語（*codeword yield*）は，復号過程で作り出されたコード語である。また，UEC は，未使用誤り訂正コード語（*un-used error correction*）である。UEC＝1.0 は，誤り訂正コード語を使わずに復号できたことを表す。

1 段ごとに検査する場合は，JIS X 0520 を用いる。

9-2-3　マトリックスシンボル体系

マトリックスシンボル体系の印字品質試験は，次の手順で行う。

a)　測定は，シンボル面の斜め上から二つ以上の光源で照明し，シンボルの高解像度グレイスケール生画像を得る（デジタルカメラで撮る）ことから始める。カメラは適切なレンズおよびフォーカス機能を備えており，画像のゆがみが少ないことが要求される。また，測定前に反射率の校正が必要である❶。

---

❶ JIS X 0526 では，「画像のゆがみが少ないこと」，「反射率の校正が必要である」と記されているだけで，程度を示す値は明記されていない。

専門編

図9-2-3に，光学系の配置例を示す。

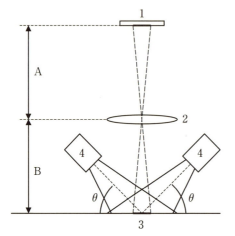

1	受光センサ
2	レンズ
3	シンボル面
4	光源
θ	光源の照射角度

図9-2-3　光学系の配置図

b)　メモリに保存した生画像を，合成円形開口❷（画素の集まり）で仮想走査することによって，参照グレイスケール画像に変換する。このとき，合成円形開口径に相当する画素は，5×5画素以上にするのが望ましい。

c)　参照グレイスケール画像からSC, MOD および位置検出パターンの損傷を測定してグレード分けする。

d)　次に，参照グレイスケール画像にGTを適用することによって，二次的な2値化画像を作る。

e)　この2値化画像から，画素の太り／細り，復号，軸の不均一性，格子の不均一性およびUEC，シンボル仕様またはアプリケーション仕様で定めた追加パラメタなどを求め，グレード分けする。

9-2-4　復号

シンボル仕様で規定した参照復号アルゴリズムによって復号を試み，正しく復号できた場合はPass：A(4)とし，復号に失敗したとき，誤って復号したときはFail：F(0)とする。

❷JIS X 0526では，「合成円形開口」と規定されているが，その形状は明記されていない。形状によっては，測定値に差異が生じる可能性がある。

9-2-5 シンボルコントラスト

参照グレイスケール画像を基にして,最も高い反射率側の 10% 領域中の平均および最も低い反射率側の 10% 領域中の平均を求め,それらの差がシンボルコントラスト（$symbol\ contrast$：SC）である（一次元シンボルとは異なる）。

- A(4)　　$SC \geqq 70\%$
- B(3)　　$SC \geqq 55\%$
- C(2)　　$SC \geqq 40\%$
- D(1)　　$SC \geqq 20\%$
- F(0)　　$SC < 20\%$

9-2-6 モジュールの太り,細り

2 値化画像から,モジュールの公称寸法（D）に対する X 軸または Y 軸方向の伸縮値（$print\ growth$）を求める。

$D > D_{\text{NOM}}$ の場合, $D' = \dfrac{D - D_{\text{NOM}}}{D_{\text{MAX}} - D_{\text{NOM}}}$

それ以外の場合, $D' = \dfrac{D - D_{\text{NOM}}}{D_{\text{NOM}} - D_{\text{MIN}}}$

- A(4)　　$-0.50 \leqq D' \leqq +0.50$
- B(3)　　$-0.70 \leqq D' \leqq +0.70$
- C(2)　　$-0.85 \leqq D' \leqq +0.85$
- D(1)　　$-1.00 \leqq D' \leqq +1.00$
- F(0)　　$D' < -1.00$ または $D' > +1.00$

9-2-7 軸の非均一性

マトリックスシンボル体系では,二次元に配置された各モジュールの中心付近をサンプリングする。シンボルのゆがみなどによって,X 軸および Y 軸方向に生じる非均一性（$axial\ nonuniformity$：AN）は,次のようにして求める。

$$AN = \dfrac{ABS(X_{\text{AVR}} - Y_{\text{AVR}})}{\dfrac{X_{\text{AVR}} + Y_{\text{AVR}}}{2}}$$

ここに,ABS は $absolute\ value$（絶対値）である。また,AVR は $average$（平

均値）を意味する。

- A（4） $AN \leq 0.06$
- B（3） $AN \leq 0.08$
- C（2） $AN \leq 0.10$
- D（1） $AN \leq 0.12$
- F（0） $AN > 0.12$

9-2-8 未使用誤り訂正コード語数

リードソロモン方式を用いた誤り訂正能力は，次の計算式によって求める。

$$e + 2t \leq d - p$$

ここに，e：消失誤り（既知の箇所で，欠けているかまたは復号不能なコード語），t：代入誤り（不明な箇所で誤って復号されたコード語），d：誤り訂正コード語数，p：誤り検出のために予約したコード語数である。

未使用誤り訂正コード語は，次の計算式によって求める。

$$UEC = 1.0 - \frac{e + 2t}{d - p}$$

- A（4） $UEC \geq 0.62$
- B（3） $UEC \geq 0.50$
- C（2） $UEC \geq 0.37$
- D（1） $UEC \geq 0.25$
- F（0） $UEC < 0.25$

9-2-9 印字品質総合グレード

9-2-4～9-2-8で得た各々のグレードの最小グレードが，そのシンボルの印字品質総合グレードである。

9-3 ダイレクトマーキング品質評価仕様

ダイレクトマーキングの印字品質評価仕様は，ISO/IEC JTC1 SC31に日本から申請したISO/IEC TR 24720：Guidelines for direct part marking（DPM）が最初であるが，その後，アメリカからISO/IEC TR 29158：Direct Part

Mark (DPM) Quality Guideline が申請された。しばらくの間，この二つが TR (*technical report*：技術報告書) として残っていたが，後に，ISO/IEC TR 29158 を TR から ISO/IEC にするための NWIP (*new work item proposal*：新規作業項目提案) が申請され，変更作業が開始された。

ISO/IEC 29158 は，本書を発行する時点でまだ審議中であったため，時期尚早と判断し，本書では採り上げないことにした。

9-4 一次元シンボル用検証器適合仕様

一次元シンボルの印字品質を測定するための検証器は，ISO/IEC 規格または JIS 規格に適合していなければならない。標準規格に適合することによって，メーカや機種が異なっても正しい検証を行うことができるようになる。次の 9-4-1 〜 9-4-2 は，JIS X 0521-1 バーコード検証器適合仕様：一次元シンボル (ISO/IEC 15426-1) の要約である。

9-4-1　機能要件

バーコード検証器は，次の 1) 〜 5) の基本機能を備えていなければならない。
1) シンボルの全幅を通る一本の走査線で測定した走査反射率波形を得る。一般に，一つのシンボルで，高さ方向の異なる箇所を合計 10 回測定する。
2) 走査反射率波形を自動的に分析する。
3) 走査反射率波形の，各測定パラメタのグレードを報告する。
4) シンボルの印字品質総合グレードを求め，(測定開口径および光源の波長を含めて) 報告する。
5) シンボルに符号化されている，すべてのキャラクタを復号して報告する。
　注　シンボルを復号できなかった場合に，たとえ報告できる項目があったとしても，「報告しなければならない」とは規定されていない。したがって，何も報告しない検証器が多い。

9-4-2　試験要件

バーコード印字品質検証器の試験は，基準となる「一次参照試験シンボル」を用いて行う。この試験シンボルの反射率およびエレメント寸法の測定は，市

専門編

販されている検証器の10倍以上の精度をもつ測定器でなければならない．国家計量標準に適合した測定器で行うのが望ましい．

表9-4-2に，一次参照試験シンボルのパラメタを示す．

表9-4-2　一次参照試験シンボルのパラメタ

パラメタ	グレード4	グレード1
シンボルコントラスト	73.75% 以上	25～35%
モジュレーション	0.725 以上	0.425～0.475
欠陥	0.1375 以下	0.2625～0.2875
復号容易度	0.65 以上	0.28～0.34

このようなシンボルを製造する方法および入手先は，規定または提供されていない．

一次参照試験シンボルで用いるシンボル体系は，JIS X 0503 コード39，JIS X 0504 コード128，JIS X 0507 EAN/UPCであり，表9-4-2の各パラメタのグレード4およびグレード1を適用する．

9-5　二次元シンボル用検証器適合仕様

二次元シンボル用印字品質検証器適合仕様（ISO/IEC 15426-2，JISは制定されていない）は，基本的に一次元シンボル用の検証器適合仕様に類似している．

二次元シンボル用検証器適合仕様の概要は，次の (a) および (b) のとおりである．

(a)　マルチローシンボル体系

基本的に9-4-1「機能要件」に同じであるが，次の1) および2) が追加されている．

1) 産出コード語の値およびグレードを報告する．
2) UECの値およびグレードを報告する．

表9-5-aに，マルチローシンボル体系用一次参照試験用シンボルの各パラメタ値を示す．

表 9-5-a　一次参照試験用シンボルのパラメタ

パラメタ	グレード 4	グレード 1
シンボルコントラスト	≧ 73.75%	25% ≦ SC ≦ 35%
欠陥	≦ 0.1375	0.2625 ≦ Def ≦ 0.2875
復号容易度	≧ 0.65	0.28 ≦ Dec ≦ 0.34
産出コード語（CWY）	≧ 72.75%	51.75% ≦ CWY ≦ 55.25%
未使用誤り訂正（UEC）	≧ 0.65	0.28 ≦ UEC ≦ 0.34

このようなシンボルを製造する方法および入手先は，規定または提供されていない。

(b) マトリックスシンボル体系

9-2-3 に類似した要領で反射率画像を得て，各パラメタの試験を行う。マトリックスシンボル体系の場合は，ファインダパターンの損傷率，格子の非均一性，軸の非均一性などの特別な試験項目が加わっている。

図 9-5-b に，代表的な誤りをもったシンボルの例を示す。また，表 9-5-b に，マトリックスシンボル体系用一次参照試験用の各パラメタ値を示す。

モジュレーション試験用シンボルの例

UEC 試験用シンボルの例

位置検出パターン誤りの例

図 9-5-b　誤りをもったマトリックスシンボル体系の例

専門編

表 9-5-b 一次参照試験用シンボルのパラメタ（推奨値）

パラメタ	グレード 4	グレード 2	グレード 1
シンボルコントラスト	≥ 73.75		$25\% \leq SC \leq 35\%$
格子の非均一性	≤ 0.35		$0.66 \leq GNU \leq 0.72$
軸の非均一性	≤ 0.055		$0.105 \leq AN \leq 0.115$
UEC	n/a	0.43	n/a
位置検出パターン誤り	$AG=4$		$AG=2.6$

このようなシンボルを製造する方法および入手先は，規定または提供されていない。

専門編

第10章

バーコードリーダ II

10-1 バーコードリーダの基礎
10-2 バーコードリーダの分類
10-3 インタフェース
10-4 機能設定
10-5 性能評価仕様

Summary

バーコードリーダに多くの種類があることは，基本編で学んだ。専門編では，バーコード専門技術者が知っておくべき，バーコードリーダの構造，読取の仕組み，誤読が起きる仕組み，バーコードリーダの読取性能試験方法などを解説する。

ここでは，新製品開発のヒント，市場トラブル対応，購買での機器選択・仕入れ，営業サポートの向上など，多くの場で役立つ技術を身につけることを期待する。

専門編

10-1 バーコードリーダの基礎

ここでは，バーコードリーダの構成要素で重要な照明光原の種類および特徴を中心に解説する。

10-1-1 照明光源の種類および特徴

一次元シンボル用および二次元シンボル用を問わず，バーコードリーダは照明光をシンボルに照射し，シンボル面から反射する拡散反射光（乱反射光）によって読んでいる。

光を含む電磁波は，波長として表すことができる。可視光（人間の目で感じることができる光）を分光（波長によって屈折率が異なる現象）すると，図10-1-1のようになることはよく知られている（色名，色帯域，波長は正確には一致していない）。

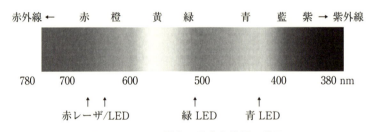

図 10-1-1　可視光の分光と波長の様子

バーコードリーダで用いる光源の波長は，主に 630 〜 680 nm の赤色である。赤く見える物体は，赤の可視光を反射するので赤く見え，その他の色を吸収している。また，白く見える物体は，赤を含むすべての可視光を反射するので白く見える。さらに，黒く見える物体は，赤を含むすべての可視光を吸収してしまい，反射する光がない（少ない）ことを表している。これらの現象をバーコードシンボルとバーコードリーダとの関係から考えると，次のようになる。

1) バーコードシンボルを印字する媒体（受容紙，ラベルなど）は，白および赤系統の色が望ましい。
2) バーエレメントまたは暗モジュールを印字するインク（または発色剤）は，黒および赤を含まない濃い緑，濃い青などが望ましい。

第 10 章　バーコードリーダ II

バーコードリーダで用いる照明光原について，次の (a)～(e) に示す。

(a) LED（*light emitting diode*：発光ダイオード）

主にペン式リーダ，CCD（*charge coupled device*：電化結合素子）または C-MOS（*complementary metal oxide semiconductor*：相補形金属酸化膜半導体）式リーダなどの光源として用いる。LED 素子 1 個ではシンボル全体を照明することが困難であるため，通常は複数の LED およびシリンドリカルレンズなどを用いて，シンボル全体をできるだけ均一に照明できるように工夫している。

図 10-1-1-a1 に，シリンドリカルレンズを用いた照明の様子を示す。

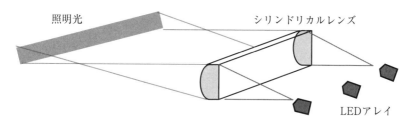

図 10-1-1-a1　リニアイメージャの LED 照明例

ダイレクトパーツマーキングなどの分野では，図 10-1-1-a2 のような円形の LED で照明する場合がある。

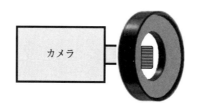

図 10-1-1-a2　円形 LED の照明例

(b) 外部照明

物流センターなどの高速仕分けラインでバーコードシンボルを用いる場合，高速走査および高出力レーザを用いるとき，高速シャッタのカメラで撮像することなどから，強力な外部照明が必要になることがある。水銀灯，ナトリウム灯，キセノンランプなどを用いた時期もあったが，電力消費量，発熱量および始動に時間がかかるなどの理由から，次第に用いられなくなった。現在では，LED 集合灯を用いることが多い。

(c) 赤外線

感光を嫌う用途（写真用フィルムの製造工程など）では，900～1 300 nm の赤外線 LED（*infrared* LED）を用いる場合がある。

波長が長い半導体レーザでは，原理的にビーム径を小さくすることが困難なため，高密度シンボルには適さない。

(d) 紫外線

セキュリティを重要視するアプリケーションでは，目視できない，複写できない，専用リーダでだけ読むようなシンボルを必要とする。これらの用途では，紫外線（*ultraviolet lamp or black light*）を照射すると発光する特殊なインクでシンボルを印字する方法がある。身近な例では，郵便バーコードなどがある（図 10-1-1-d）。

図 10-1-1-d　郵便バーコードに紫外線を照射した例

(e) レーザ

バーコードリーダで用いるレーザは，古くは He-Ne レーザであったが，現在では半導体レーザが主流である。

He-Ne レーザの波長は 632.8 nm で，固定である。視認性が高く，スポット形状もほぼ円形であることから，リーダの照明光としては理想的な光である。ただし，バーコードリーダに用いるためには形状が大きい，高電圧を必要とするため危険性が伴う，寿命が短いなどの欠点があった。

半導体レーザの光放出角度は，約 8°×30° で拡がって放出されるため，単純な球面レンズを用いて一様にビームを絞り，スポット形状を円形にすることが困難である❶。図 10-1-1-e1 のように，レーザ照射窓（レンズの先端）から焦点までのスポット形状は横広がりの楕円であり，焦点から遠方は縦広がりの楕円になる。このことから，縦および横の焦点距離が異なるため，極小のスポット径になることはない。

---

❶マシンビジョンなどの工業用途では，コリメートレンズ（発散ビームを平行ビームに変換する）を用いてから集光する。

第 10 章　バーコードリーダ Ⅱ

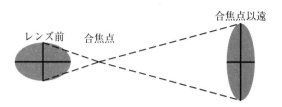

図 10-1-1-e1　半導体レーザのスポット形状イメージ

図 10-1-1-e2 は，リーダで用いる半導体レーザのスポット径の様子を示したものである。レーザ発光部およびレンズは，同一のケースに封入されている。

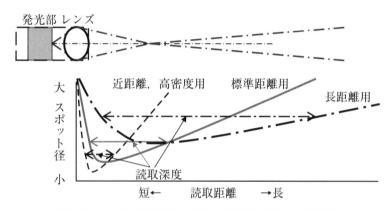

図 10-1-1-e2　半導体レーザの一般的なスポット径特性

半導体レーザは，高温，静電気および電源ノイズによって劣化することが知られている。保管時や組立時には，C-MOS 以上の静電気対策が必要である。また動作時には，十分な放熱対策またはペルチェ効果素子などによる冷却によって，高温になることを防ぐ必要がある。リーダに用いる半導体レーザの寿命は，一般に 7 000 ～ 10 000 時間である。半導体レーザには，自身が出力する光量をモニタするためのフォトダイオードを内蔵している。このフォトダイオードを用いて，AGC（*automatic gain control*：自動利得制御）をかけている。レーザが寿命近くになると光出力が減少するため，自動的に電流値を多くして，一定の光量を得るように働く。

レーザに関する規格には，「JIS C 6802（IEC 60825-1）レーザ製品の安全基準」などがある。JIS C 6802 は 2014 年に改正し，レーザのクラスを出力の小

さい順から次のように規定している。
1) クラス 1：微パワー（0.39 μW）。合理的に予見可能な条件下で安全である。
2) クラス 1C：波長 302.5 nm ～ 4 μm。接触して用いる美容用など。"C" は，接触（contact）または近接（close）である。
3) クラス 1M：光学器具を用いて覗いたときだけ危険である。"M" は，拡大用観察器具（magnifying optical viewing instruments）である。
4) クラス 2：低パワー（1 mW）。通常，瞬きなどの嫌悪反応によって目は保護され，安全である。
5) クラス 2M：光学器具を用いたときだけ危険になる点を除いて，クラス 2 に同じである。
6) クラス 3R：中パワー（5 mW）。直接ビーム内観察は，危険になることがある。"R" は，要求事項の削減（reduce）または緩和（relax）である。
7) クラス 3B：直接ビーム内観察は，通常において危険である。"B" は，歴史的な経緯であり，A に対する B である。
8) クラス 4：高パワー。拡散反射光を見ても，皮膚に浴びても危険になることがある。

バーコードリーダに用いる半導体レーザは，クラス 2 またはクラス 2M が一般的であるが，長距離用ではクラス 3R を用いる場合もある。クラス 2 の危険度は，一般に，目の嫌悪（まばたき）反応を含む回避行動によって目が保護される。

レーザを用いる機器は，**図 10-1-1-e3** のようなレーザ製品マークと注意ラベルとが必要である。

クラス 2

レーザ放射
ビームをのぞき込まないこと
クラス 2 レーザ製品

クラス 2M

レーザ放射
ビームをのぞき込まないこと，
また，光学器具で直接ビームを見ないこと
クラス 2M レーザ製品

図 10-1-1-e3　レーザ製品マークおよび注意ラベル

使用者への情報として，製品の取扱説明書には「安全に使用する上での注意書き」を記載していなければならない。また，購入およびサービスのための情報として，販売促進パンフレットには「製品クラス分け」，サービスマニュアルには「安全情報」を記載しなければならない。

10-1-2 走査

バーコードリーダが必ず行っている走査（スキャン）の種類，特徴などを，次の (a)〜(h) に記す。

(a) 読取距離による走査波形の相違

1台のバーコードリーダで同じシンボルを読むとき，読取距離が近いときと遠いときとでは，スキャナ（リーダの内部でシンボルを走査する部分）が出力する走査波形は異なる。

図 10-1-2-a に，読取距離および走査波形のイメージを示す。

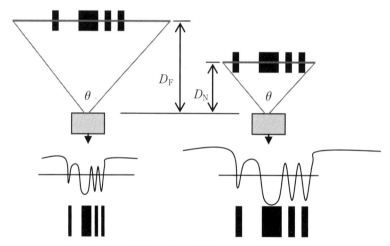

ここに，D_F：遠距離，D_N：近距離，θ：走査角度である。
図 10-1-2-a　読取距離および走査波形のイメージ

バーコードリーダとシンボルとの距離が離れている場合は，走査幅に対するシンボル幅の割合が少なくなり，走査器から出力される信号幅も縮んでしまう。また，バーコードリーダから照射する照明光が，シンボル面に当たり拡散反射される場合は，輝度がほぼ読取距離の2乗に反比例して減少するため，シンボ

ルコントラストも減少する。読取距離が近い場合は走査器から出力される信号幅も大きくなり，シンボルコントラストも大きくなる。

(b) 振動機構による走査波形

　レーザ式バーコードリーダの一つに，ミラーを機械的に振動させて走査するタイプがある。振動ミラーで走査する場合は，レーザビームスポットの移動速度が常に(sin関数で)変動している。ビームスポットの移動速度が変動すると，出力する走査波形も変動する（図10-1-2-b）。

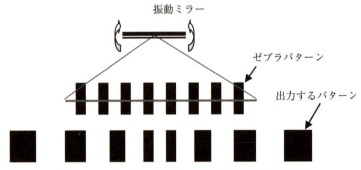

図 10-1-2-b　振動ミラーで走査したときの出力例

　ゼブラパターン（等間隔のパターン）を振動ミラーで走査すると，スキャナは幅の異なるパターンを出力する。振動ミラーで走査するときのスポット速度は，走査線の中央部が最も速く，端に行くほど遅くなり，いったん端で止まってから折り返す。スポット速度が速いと，エレメントを通過する時間が短いため細く見える。逆にスポット速度が遅いと，エレメントを通過する時間が長くなるため太く見える。

(c) 有効走査回数

　有効な走査回数を求めるためには，バーコードリーダの走査回数とバーコードシンボルの移動速度とが密接に関係する。この関係を説明するには，走査方向とエレメント高さも考慮しなければならない。

　固定式リーダでは，一般に，1個のシンボルがワーク内を通過する間に，5回以上読めることが望ましい。しかも，できるだけシンボルの異なった場所を走査できる方がよい。1回の走査で読めなかった場合でも，他の場所で読める場合があり，読取率が高くなるからである。

　走査ラインとシンボルの移動方向との相互関係を，次の1)～2)に示す。

1) 柵状走査 (*picket fence scan*)

柵状走査は，一次元シンボルのエレメント並びが，バーコードリーダの走査線と垂直方向に移動するような走査方式であり，次のような特徴がある。

① シンボル高さ方向の異なった場所を複数回走査するため，低印字品質のシンボルでも読める確率が高くなる。

② シンボルの高さが低い，シンボルの移動速度が速い，またはリーダの走査回数が少ないときは，有効走査回数が少なくなるため，読める確率が低くなる（または，読まなくなる）（図 10-1-2-c1）。

図 10-1-2-c1　柵状走査

有効スキャン回数（N）は，次の計算式によって求める。

$$N = F \times (Y/V)$$

ここに，N：有効走査回数（回），F：リーダの走査回数（回/秒），Y：エレメント高さ（mm），V：シンボル移動速度（mm/秒）である。

例えば，シンボルの高さが 20 mm，リーダの走査回数が 1 000 回/秒，シンボルの移動速度が 120 m/分の場合，有効なスキャン回数 N は次のようになる。

$$N = 1\,000 \times \frac{20}{\frac{120\,000}{60}} = 10 \text{ 回}$$

2) 梯子状走査 (*ladder scan*)

一次元シンボルのエレメント並びが走査線と同じ方向に移動するような走査方式であり，次のような特徴がある。

① シンボルの上下方向の位置が安定していれば，エレメント高さが低いシンボルでも，読むことが可能になる場合がある。

② 基本的に，シンボルの同じ場所だけを走査するため，その部分の印字品質が低いと読みづらい（または，読まない）ことがある（図 10-1-2-c2）。

専門編

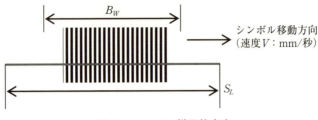

図 10-1-2-c2　梯子状走査

有効スキャン回数 N は，次の計算式によって求める。

$$N = F \frac{S_L - B_W}{V}$$

ここに，N：有効走査回数（回），F：リーダの走査回数（回/秒），S_L：走査ライン長さ（mm），B_W：QZ を含むシンボル幅（mm），V：シンボル移動速度（mm/秒）である。

例えば，シンボル幅が 30 mm，リーダの走査回数が 1 000 回/秒，シンボルの移動速度が 120 m/分，走査ライン長さが 100 mm の場合，有効走査回数 N は次のようになる。

$$N = 1\,000 \times \frac{100 - 30}{\dfrac{120\,000}{60}} = 35\,回$$

(d) 走査パターン

バーコードリーダがシンボルを走査するときのパターンには，次のように多くの種類がある。

1) シングルライン

一本の直線状に走査する方式である。主に，ペン式リーダ，リニア CCD 式リーダ，単一レーザライン式リーダなどで用いられている。

振動ミラーで両方向に走査するタイプと，多角形ミラー（*polygon mirror*）で片方向に走査するタイプとがある。

図 10-1-2-d1 に，シングルライン走査の様子を示す。

第 10 章　バーコードリーダ II

図 10-1-2-d1　シングルライン走査

2)　ラスタスキャン（*raster scan*）

シングルラインであるが，水平方向にも複数本走査する方式である。この方式は，ポリゴンミラーを用いて実現するのが一般的であるが，X 方向に振動するミラーと Y 方向に振動するミラーとで行う場合もある。リニア CCD 方式ではラスタスキャンが困難であるが，エリア CCD または C-MOS 式では実現可能である。

図 10-1-2-d2 に，ラスタスキャンの様子を示す。

図 10-1-2-d2　ラスタスキャン

3)　多方向走査

さまざまな方向に走査する方式（*omnidirectional scan*）である。主に，POS 用のリーダおよび物流用のリーダで用いられている。基本的には "×"，"△"，"＋" などのパターンを組み合わせて用いており，メーカおよび機種によってパターンが異なる。総走査ライン数が十数本，総走査回数が 2 000 回/秒を超えるものもある。一般に，多方向スキャナでは，分割読み（または合成読み）の機能を備えている。

図 10-1-2-d3 に，多方向走査の様子を示す。

図 10-1-2-d3　多方向走査の基本形

専門編

スキャンスポットを X-Y 方向に自由に走査できるスキャナでは，デイジー（*daisy*：ひな菊の花びら）状のパターンで走査するものもある。

図 10-1-2-d4 に，デイジースキャンの様子を示す。

図 10-1-2-d4　デイジー走査パターンの例

(e) 受光素子

バーコードリーダで用いる受光センサ（*photo detector*）には，フォトダイオード，フォトトランジスタ，リニア CCD（または C-MOS），エリア CCD（または C-MOS）などがある。半導体素子が開発される以前には，イメージオルシコン（真空管式撮像管）などが用いられていた。

図 10-1-2-e1 に，一般的な半導体受光素子の感度イメージを示す。

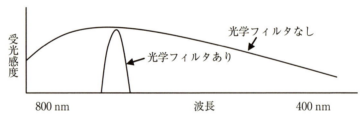

図 10-1-2-e1　受光センサの感度イメージ

一般に，光学フィルタが付いていない受光センサ単体の受光感度帯域は，広帯域（紫外線〜赤外線）に分布しているが，バーコードリーダに用いるときは，特定の光（リーダの照明光と一致させるのが一般的）だけを通過させる光学フィルタを付加して，外部からの光ノイズを防いでいる（図 10-1-2-e2）。

受光素子は，リーダ自身がシンボルを照明するために照射した光による反射光だけに反応するのが理想的であるが，周囲からのさまざまな光❶が受光素子に入り，ノイズとして悪影響を与える。

---

❶蛍光灯（緑系），白熱灯（赤系），水銀灯（緑系），ナトリウム灯（橙系），日光などがある。

外乱光を防止する代表的な方法を，次の 1) ～ 3) に示す．

1) 光学フィルタを用いる方法

バーコードリーダが照射した照明光は，受容紙などの媒体上で拡散反射する．バーコードリーダは，反射光の一部を集光用レンズなどで集め，受光センサに導いている．このとき，センサの手前にある光学フィルタで，自身が照射した光以外の波長をカットするのが一般的である．

図 10-1-2-e2 に，帯域光学フィルタによる外乱光防止イメージを示す．

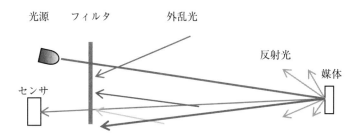

図 10-1-2-e2　光学フィルタを用いた外乱光防止のイメージ

光学フィルタには寸法精度（表面粗さ，平面度など）を要求し，キズ，汚れなどがないように注意が必要である．

図 10-1-2-e2 の媒体からの反射光の中で，太い矢印は鏡面反射または直接反射光である．この反射光が受光センサに入るのを防ぐように，媒体とリーダとの角度を保たなければならない（一般に，15°程度斜めから照射するのがよい）．これは，光が強すぎて受光センサが飽和するからである．

2) 照明光源をチョッパ駆動する方法

光学フィルタを用いる外乱光防止以外に，光源を高速で点滅させるチョッパ駆動方式がある．

光源をオフにしているとき受光センサに入る光は，自分が出した光以外の外乱光である．この光量を一時的に記憶しておき，光源をオンにしたときに受光センサに入る光量から差し引く方式である．

この方式は，アナログ回路で容易に実現できる．

図 10-1-2-e3 に，照明光源をチョッパ駆動する様子を示す．

専門編

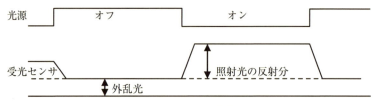

図10-1-2-e3　チョッパ駆動の様子

　一般に，チョッパ駆動は外乱光による影響を少なくできる。電子回路だけで構成できるため，長期間安定して動作し，光学フィルタのようにキズや汚れなどで交換する必要もない。
　光源にレーザを用いる場合は，スキャン速度とチョッパ駆動周波数の関係に注意する必要がある。受光センサで得るアナログ信号は，チョッパ周波数に同期した断続波になるため，回路的に工夫が必要になる。

3）周囲光を遮蔽する方法

　もう一つの外乱光防止方法は，周囲光を遮蔽する方法である。バーコードリーダの読取窓をバーコード面に接触させるものや，遮蔽用のフードを付けたものなどがある。この方式では走査ラインが見えないので，シンボルのどの部分を走査しているかがわからない不便がある。

(f) A/D 変換

　バーコードリーダでは多くのA/D変換技術を用いている。代表的な原理を，次の1）〜6）に示す。どの方式にも，長所および短所がある。実際は，これらの方式を組み合わせて用いることが多い。

1）固定閾値法

　閾値を固定する方法である。最も簡単な方法であるが，走査反射率波形の直流成分による「うねり変化」に追従できなくなる欠点がある。
　図10-1-2-f1 に，固定閾値法の様子を示す。

第 10 章　バーコードリーダ II

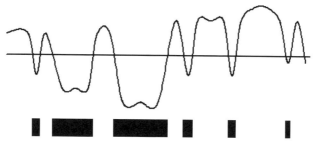

図 10-1-2-f1　固定閾値法のイメージ

2) 中間点閾値法

この方式は，JIS X 0520 でバーエッジを決めるときに用いられている方法であり，エレメント幅測定の基準になっている。

アナログ信号を，いったん離散的デジタル信号に変換してコンピュータで処理するのであれば，比較的簡単に 2 値化することができる。コンピュータ処理では，ボイドやスポットの影響を除去することも容易である。

この方式をアナログ回路だけで 2 値化するには，複雑な回路が必要である。

図 10-1-2-f2 に，中間点閾値法の様子を示す。

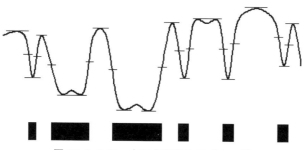

図 10-1-2-f2　中間点閾値法のイメージ

3) 位相遅延法

アナログ回路で処理できるため，比較的多く用いられている。ただし，ボイドやスポットの影響を受けやすい欠点がある。適切なフィルタで，あらかじめボイドやスポットの余分な波形を除去する必要がある。

図 10-1-2-f3 に，位相遅延法の様子を示す。

専門編

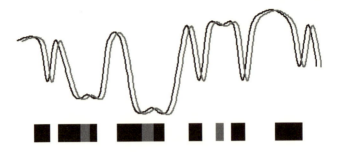

図 10-1-2-f3　位相遅延法のイメージ

4) 変換点抽出法

アナログ信号を微分回路に通すと，信号の立上り点，立下り点を検出することができる。ゆるやかなアナログ信号の変化には追従できない。

微分回路は，ディスクリート部品を組み合わせて，比較的容易に作ることができる。

図 10-1-2-f4 に，変換点抽出法の様子を示す。

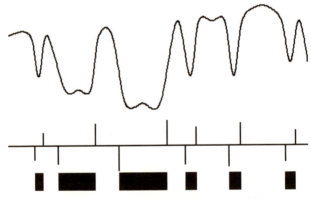

図 10-1-2-f4　変換点抽出法のイメージ

5) 直流分閾値法

上の 2) と同様に，動的に閾値を決めることができる。アナログ回路で処理できるため，この方式も多く用いられている。直流成分の抽出は，アナログ信号を積分して求める。積分回路も，比較的容易にできる。

アナログ信号を遅延する回路があれば，より正確な閾値を得ることができる。図 10-1-2-f5 に，直流分閾値法の様子を示す。

第10章 バーコードリーダⅡ

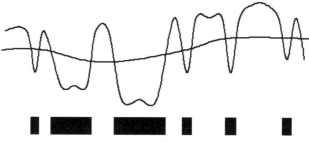

図 10-1-2-f5　直流分閾値法のイメージ

6) 位相反転法

図 10-1-2-f6 に，位相反転法の様子を示す。

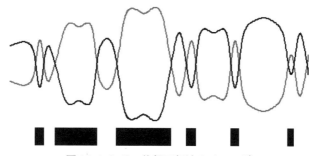

図 10-1-2-f6　位相反転法のイメージ

(g) サンプリング

　一次元シンボル，二次元シンボルを問わず，A/D変換によって2値化された後は，各エレメント（またはモジュール）幅を決定しなければならない。バーコードリーダの中でエレメント幅を決定するには，閾値データから次の閾値データの間に，いくつの離散的デジタルデータがあるかで求める（図 9-1-2-3 参照）。サンプリング回数が多ければ多いほどエレメント幅を正確に測定できるが，メモリ容量が増えるため適正な値にしなければならない。

　図 10-1-2-g1 に，A/D変換におけるサンプリングの様子を示す。図 10-1-2-g1 の例では，細エレメント当たり4回サンプリングしているので，エレメント並びは |4 4 4 12| 回である。A/D変換回数とエレメント並びとの位相によっては，1サンプリングの誤りが発生する場合がある。

専門編

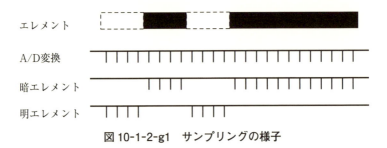

図 10-1-2-g1　サンプリングの様子

A/D 変換回数の違いによってサンプリング誤りが変化する様子を，**図 10-1-2-g2** の例で説明する。

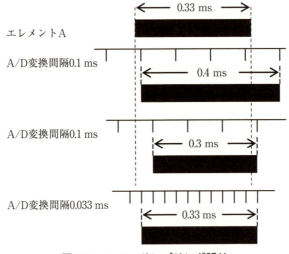

図 10-1-2-g2　サンプリング誤り

図 10-1-2-g2 に，A/D 変換後のエレメント幅が 0.33 ms 続くとき（エレメント A），0.1 ms 間隔の A/D 変換および 0.033 ms 間隔の A/D 変換でサンプリングしたときの様子を示す。0.1 ms 間隔の A/D 変換では，エレメント A と A/D 変換 0.1 ms との位相によっては，約 −0.03 ms ～ +0.07 ms（約 −9.1% ～ +21.2%）の間で変化する。一方，3 倍の周波数である 0.033 ms 間隔の A/D 変換では，最大 ±0.033 ms（±10%）の誤差である。これらのことは，**図 7-7-4**，**図 10-1-2-a** および **図 10-1-2-b** のような現象があるときに，バーコードリーダが読まなくなる原因として理解することができる。

第10章　バーコードリーダⅡ

例えばJAN-13シンボルの場合，シンボルのモジュール数は113であり，1モジュールを32回A/D変換（サンプリング誤り率＝3.125%）で設計すると，シンボル当たり3 616個の離散的デジタルデータが入るカウンタメモリが必要になる。一般に，バーエレメント側の値に"＋"の誤りがあれば，スペースエレメント側の値には"－"の誤りが発生する。

要求仕様によって，バーコードリーダの走査速度，読取距離，読取角度，最小エレメント幅，A/D変換器の変換速度などを加味して，適切なA/D変換数を決めなければならない。

(h) 復号

復号器（*decoder*：デコーダ）は，一般に図10-1-2-hに示す手順でバーコードを復号する（一次元シンボルの主なルーチン例だけを示す）。

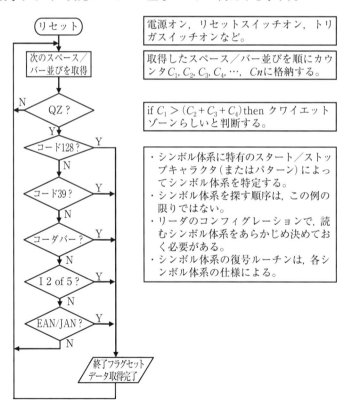

図10-1-2-h　バーコードリーダの復号アルゴリズムイメージ

10-2 バーコードリーダの分類

バーコードリーダの分類には，いくつかの方法がある。図10-2に，体系的な分類を示す。

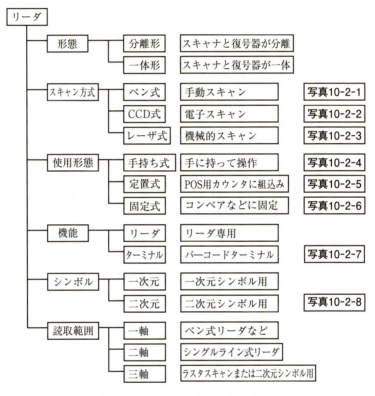

図10-2 バーコードリーダの分類

第 10 章　バーコードリーダⅡ

写真 10-2-1
ペン式リーダの例

写真 10-2-2
CCD 式リーダの例

写真 10-2-3
レーザ式リーダの例

写真 10-2-4
手持ち式リーダの例

写真 10-2-5
定置式リーダの例

写真 10-2-6
固定式リーダの例

写真 10-2-7
バーコードターミナルの例

写真 10-2-8
二次元シンボル用リーダの例

　スキャン方式リーダの特徴および構造は，次の (a)〜(c) のとおりである。
(a) ペン式リーダの特徴および構造
　英語名は「ワンド (wand：棒)」であり，ペンのような形状をしている。単一の LED 照明およびフォトダイオードを用いている。構造が簡単なことと，消費電力が小さいことから，電池駆動形端末器などに接続して用いることが多い。手に持ってスキャンするため，できるだけ一定の速度になるように手を動かす必要がある。

専門編

ペン式リーダは，一般に復号部をもたず，A/D 変換後のデジタル信号をホストに送信する。ホスト側のソフトウエアによって復号する。

図 10-2-a に，ペン式リーダの写真および内部構造例を示す。

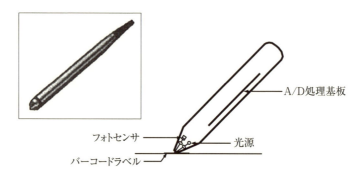

図 10-2-a　ペン式リーダの構造例

(b) CCD 式リーダの特徴および構造

一次元シンボルおよび二次元シンボル用のリーダである。一次元シンボル用のリーダは，タッチ式と呼ばれた時期もあったが，最近では数十 cm 離れても読めるイメージャもある。照明光源は複数の LED で行い，受光素子には，一次元シンボル用ではリニア CCD（または C-MOS），二次元シンボル用ではエリア CCD（または C-MOS）を用いる。リニア CCD を用いたリーダでは，PDF417 シンボルを読めるものもある。

この方式は機械的な可動部がない（トリガスイッチを除く）ため，落下などの耐久性を高めることが可能である。C-MOS の場合は +5V の単一電源で動作するが，CCD の場合は一般に 3 種類の電圧が必要である。

図 10-2-b1 に，CCD 式リーダで用いる CCD センサの例を示す。

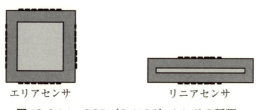

図 10-2-b1　CCD（C-MOS）センサの種類

図10-2-b2に，CCD式リーダの写真および内部構造例を示す。

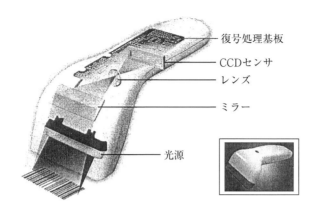

図10-2-b2　CCD式リーダの構造例

(c) レーザ式リーダの特徴および構造

　照明光源にレーザを用い，受光素子にフォトセンサを用いる。レーザ光は単一の波長であるため，プリズムを通しても分光しない。したがって，レンズの焦点距離を長くすることによって，遠くまで光を届けることが可能である。ただし，同時にシンボル全体を照明することは不可能なため，ミラーなどを振動または回転させることによって走査している。高密度シンボル用，標準距離用，遠距離用（10m程度）などの製品がある。

　図10-2-cに，レーザ式リーダの写真および内部構造例を示す。

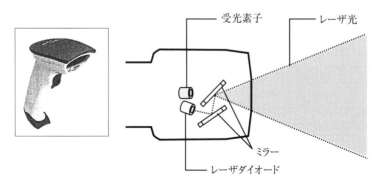

図10-2-c　レーザ式リーダの構造例

専門編

10-3 インタフェース

バーコードリーダのインタフェースは，ワンドエミュレーションを除きシリアルインタフェース（*serial interface*：データをビット列として送信する方式）が一般的である。ここでは，代表的なバーコードリーダ用インタフェースについて解説する。

10-3-1 RS-232C

本来は，データ通信で用いるモデム（DCE：*data communication equipment*）と通信端末機（DTE：*data terminal equipment*）とを接続するための規格であり，コネクタ仕様（D-sub 25 pin），ピン配置，通信速度（19.2 Kbps 以下），通信距離（15 m 以下），±12V を用いるなどを規定していた。IBM 社が PC/AT 機で D-sub 9 pin を採用し，単一の +5V で 115.2 Kbps まで通信できるようにしたため，最近ではこのインタフェースを RS-232C と誤って解釈している場合がある。D-sub 9 pin のインタフェースは EIA-574 である。RS-232C および EIA-574 インタフェースでは，通信プロトコルは規定していない。リーダのインタフェースとして用いる場合は，非同期通信方式（ASYNC：*asynchronous*）を用い，通信プロトコルは特別なものはない。データ長（6, 7, 8bit），パリティビット（*odd, even, mark, space*），ストップビット長（1, 1.5, 2bit），通信速度（50 bps 〜 115.2 Kbps），フロー制御（RTS/CTS, Xon/Xoff）などを個別に設定できるようにしている。

2000 年代になってからは，パソコンの RS-232C（EIA574）ポートはレガシィポートと呼ばれるようになり，姿を消してしまった。

10-3-2 RS-422/RS-485

RS-422/RS-485 は，RS-232 に比べて，通信速度および通信距離を改善したインタフェースである。どちらも平衡形（機器どうしのグランドラインが接続されていない）のインタフェースであり，最大通信速度が 10 Mbps，最大通信距離が 1.2 km である。

RS-422 は 1：1 の通信で用い，RS-485 は 1：32 までの LAN として用いることができる。製造工程管理などの現場では，RS-232C では通信距離が不足す

るため，これらのインタフェースを用いている。また，LAN で用いているイーサネットの物理層は，RS-485 の発展系である。

10-3-3 TTL/C-MOS シリアル

TTL/C-MOS がもつ電圧レベル（+5V）によって通信する不平衡形（機器どうしのグランドラインが接続されている）インタフェースである。

EIA-574, RS-422/485 と比べると，ノイズの影響を受けやすく，通信距離が短いが，専用のラインドライバ用 IC が必要ないため，PC 接続用として多く用いられている。

10-3-4 OCIA

OCIA は，フォトカプラを用いた光結合インタフェースであり，リーダと接続しているホストとが電気的に分離されるため，電気的なノイズによる相互干渉を防ぐことが可能な POS 用のインタフェースである。

10-3-5 キーボード割込み（KW：*keyboard wedge*）

日本語 PC の場合，OADG109A（*open architecture development group* 109A）キーボードを用いている。キーボードを打鍵したとき，打鍵したキーに対応した独自のキーコード（*key code*，例えば "A" のときは "07/04"）を本体に送信している。

キーボード割込みインタフェースは，パソコンのキーボードと本体との間にリーダを割り込ませて用いる。リーダで読んだデータを，パソコンのキーボードを打鍵したときと同じキーコードに変換して，本体に送信する。これによって，画面のカーソルがある場所に，キー入力したときと同じ要領でデータを入力できる。この方式の場合，+5V で動作するリーダであれば，本体側の電源で動作することが可能である。

10-3-6 USB-HID（− *human interface device*）

パソコンの周辺機器を接続するための汎用シリアルバスインタフェースである。USB1.0/1.1/2.0/3.0 が規格化されている。USB1.0/1.1 の通信速度は 12 Mbps，USB 2.0 は 480 Mbps，USB 3.0 は 5 Gbps である。リーダ用の USB インタフェースの速度は，USB 1.0/1.1 で十分である。

専門編

USBポートに接続するリーダには，シリアルポートをエミュレートするものと，キーボード割込みをエミュレートするものの2種類がある。+5V/100 mA以内で動作するリーダであれば，USBポートが供給する+5Vを利用できる。

10-3-7 ワンドエミュレーション (wand emulation)

バーコードリーダで読んだデータを，ペン式リーダのデータ出力のように，A/D変換後のディジタルデータとして出力するモードである。このインタフェースによって，CCD式およびレーザ式の手持ち式リーダを，ペン式リーダだけしか接続できない電池駆動の形態端末機にも接続できるようになる。

10-4 機能設定

バーコードリーダは，機能を選択して動作するためのメニューを備えている。メニューを適切に選択することによって，読取りの信頼性を高めることができる。

表10-4に，代表的なメニューの例を示す。

表10-4 リーダの基本的な設定項目例

	項　　目	内　　容
インタフェースの選択	・IBM	Port 5B, 9A, 9B, 9C, 9E, E
	・OCIA	NCR 8bit, NCR 9bit, SNI
	・シリアル 　(RS-232, TTL/C-MOS)	ハードウエア制御：RTS/CTSフロー制御 ソフトウエア制御：XON/XOFF, ACK/NAK
	・キーボード割込	PC選択：PC/XT, PS2, IBM (POS), 　　　　PS/55 (104key), NEC9801, Laptop 国選択：アメリカ, イギリス, フランス, ドイツ, イタリア, 日本 文字間遅延：なし, 5～100ms　5msステップ
	・USB	USB-キーボード割込, USB-RS232, USB HID
	・WAND	ワンドエミュレーション
	・データ送信フォーマット	プリフィックス, シンボル体系識別子, サフィックス

第10章　バーコードリーダ II

インタフェースの選択	ワンドエミュレーション	信号極性：スペース Low/ バー High，スペース High/ バー Low　　信号速度：330μs/660μs アイドル状態：Low/High データフォーマット：ノーマル，コード 39，コード 128，コード 39 full ASCII
	シリアルインタフェース (RS-232，TTL/C-MOS)	通信速度：600, 1200, 2400, 4800, 9600, 19200, 38400, 115200 baud データビット：6, 7, 8 P：偶，奇，無，M，S　　SP：1, 1.5, 2
一般仕様	・ビープ音	有，無 電源オンビープ：有，無　　音量：小，中，大 長さ：短，中，長 鳴動時期：デコード後， 　　　　　データ送信後，CTS アクティブ時
	・省電力モード	有，無
	・オートセンスモード	有，無
シンボル体系	読取りの有効/無効	UPC/EAN，コード 39，インタリーブド 2 オブ 5，コーダバー，コード 128，PDF417，QR コード，データマトリックス
	・EAN/UPC	拡張：UPC-A⇒EAN13，EAN8⇒EAN13，UPC-E⇒EPC-A，UPC-E⇒EAN13 2 桁 or 5 桁アドオン：選択，必須，無し
	・コード 39	C/C 検査：有，無 ST/SP 送信：する，しない full ASCII：有，無　桁数指定
	・コード 128	GS1-128：有，無　桁数指定
	・インタリーブド 2 オブ 5	C/C 検査：有，無　桁数：固定，可変
	・コーダバー	チェックキャラクタ検査：有，無 ST/SP 選択：A, B, C, D ST/SP 送信：する，しない 桁数：固定，可変
読取仕様	・一致読み回数	1 回，2 回，n 回
	・クワイエットゾーン省略読み	有，無
	・復号アルゴリズム緩和	有，無（メーカによって内容が異なる）
	・シンボル体系識別子	有，無
	・2 度読み防止タイマー設	50，100，150，200，250，300 ms
	・スリープタイマー設定	1，2，3，5，10，20，30，60 分
	・読取モード	ノーマル，オートスタンド，バーコード検知，外部信号
	・合成デコード	無，有（分割個数，最小エレメント数などの設定）
	データ編集機能：カーソル	前，後　追加：データの前，後，カーソル位置，同一キャラクタ n 個，置換え

専門編

10-5 性能評価仕様

バーコードリーダの読取性能を評価する規格として,「JIS X 0522-1 バーコードスキャナ及び復号器の性能試験方法—第1部：1次元シンボル (ISO/IEC 15423-1)」がある。この規格で定義されているのは, 次の (a)〜(g) などである。

また, 本書発行時点でJISが制定される見込みであるJIS X 0527では, JIS X 0522-1 よりもさらに詳細なバーコードリーダの性能が評価できるため, 本書では JIS X 0527 の概要も解説する。

10-5-1 JIS X 0522-1 の概要

JIS X 0522-1 の概要を, 次の (a)〜(g) に記す。

(a) スキャナの分類

10-2 の分類を参照のこと。

(b) テストチャートNo.1

テストチャートNo.1は, 分解能, 走査速度, 読取距離, 読取角度の測定で用いる。

表 10-5-1-b に, テストチャート No.1 の規格値を示す。

表 10-5-1-b　テストチャートNo.1

パラメタ	値
シンボル体系	コード39およびコード128
X 寸法（Xは理論値）	0.10 mm 〜 0.45 mm で 0.05 mm ステップ
間隔許容値	± 0.01 mm
エレメント幅許容値	± 0.005Z　　Zは実測値
平均バー幅許容値	± 0.002Z
シンボル高さ（Y）	QZを除くシンボル幅の1.5倍以上
太細比（N）	2値幅シンボル体系では 3 : 1
R_{max}	85% ± 5%
R_{min}	3% ± 3%
シンボルキャラクタ構成	ST/SPを含んで6キャラクタ

(c) テストチャート No.2

テストチャート No.2 は, シンボルコントラストの測定で用いる。

表10-5-1-c1 に，テストチャートNo.2の規格値を示す．また表10-5-1-c2 に，テストチャートNo.3の規格値を示す．

表10-5-1-c1　テストチャートNo.2

パラメタ	値
シンボル体系	コード39 およびコード128
X 寸法	0.20 mm および 0.4 mm
エレメント幅許容範囲	±0.005Z　　Z は実測値
平均バー幅許容範囲	±0.002Z
シンボル高さ（Y）	20 mm
太細比（N）	2値幅シンボル体系では 3：1
シンボルコントラスト（SC）	表 10-5-3 による
SC 許容範囲	±4%
R_{max} および R_{min}	表 10-6-3 による
R_{max} および R_{min} の許容範囲	±4%
シンボルキャラクタ構成	ST/SP を含んで 6 キャラクタ

表10-5-1-c2　シンボルコントラスト表

公称シンボルコントラスト	R_{max}	R_{min}	JIS X 0520 SC グレード
47%	80%	33%	2（C）
30%	80%	50%	1（D）
25%	80%	55%	1（D）
20%	80%	60%	1（D）
47%	57%	10%	2（C）
25%	35%	10%	1（D）
20%	30%	10%	1（D）
15%	25%	10%	0（F）
10%	20%	10%	0（F）

(d) 分解能の測定

テストチャートNo.1 を用いて，X 寸法の小さいものから順番に測定し，最初に正しく読んだときの X 寸法を，そのバーコードリーダの分解能とする．

(e) 読取り範囲の測定

テストチャートNo.2 を用いて，X 寸法の小さいものから順番に，読取距離の範囲を測定する．

専門編

(f) 読取り角度の測定

テストチャート No.1 の中から，目的とする X 寸法のテストチャートを選択し，そのリーダの最適な読取距離にセットする。その後，ピッチ角度，スキュー角度およびチルト角度を測定する。

(g) シンボルコントラストの測定

テストチャート No.2 を用いて，公称シンボルコントラストの高い方から順番に，シンボルコントラストを JIS X 0520 によって測定する。読めなくなった時点の，一つ手前のシンボルのシンボルコントラストが，そのバーコードリーダのシンボルコントラスト特性である。

注　(d)～(g) の詳細な試験手順は，JIS X 0522-1 を参照

10-5-2　JIS X 0527 の概要

この JIS X 0527 が発行される前までは，バーコードリーダの性能をメーカの独自規格で評価していたため，カタログなどでの評価値が同じであっても実力値が異なる場合があった。この JIS のバーコードリーダ部では，JIS X 0520（一次元シンボルの印字品質）および JIS X 0526（二次元シンボルの印字品質）の評価パラメタを詳細に試験するための精密テストチャートを規定し，提供できるようになっている。この精密テストチャートを用いて，バーコードリーダの読取性能を評価することにより，パラメタごとの性能ランクを求めることができる。この JIS で評価できるパラメタの概要は，次のとおりである。

① X 寸法が 0.10～0.45 mm までの読取距離の測定（1D/2D）
② 読取角度（ピッチ，スキュー，チルト）の測定（1D/2D）
③ 読取速度の測定（1D/2D）
④ シンボルコントラスト（グレード A，B，C，D）（1D/2D）
⑤ モジュレーション（グレード A，B，C，D）（1D/2D）
⑥ 欠陥（グレード A，B，C，D）（1D）
⑦ 復号容易度（グレード A，B，C，D）（1D）
⑧ 固定パターン損傷（グレード A，B，C，D）（2D）
⑨ 格子の非均一性（グレード A，B，C，D）（2D）
⑩ 軸の非均一性（グレード A，B，C，D）（2D）
⑪ 未使用誤り訂正（グレード A，B，C，D）（2D）

専門編

第11章

バーコード応用事例

- 11-1　流通分野のバーコード活用
- 11-2　医療分野のバーコード活用
- 11-3　電子部品分野のバーコード活用
- 11-4　自動車分野のバーコード活用

Summary

　バーコードは，効率化，安心・安全，環境保護，セキュリティなどのさまざまな産業分野で広く用いられている。
　第11章では，代表的な分野での使用例を紹介する。
- 流通分野では，POS，バックヤードの棚卸しおよび消費期限管理など
- 医療分野では，医療過誤防止など
- エレクトロニクスおよび自動車分野では，受発注管理，製造工程管理など

専門編

11-1 流通分野のバーコード活用

　1977年，POSシステム用共通商品コードがスタートして以来，バーコードの利用は，流通，物流，工場の自動化（FA：*factory automation*），オフィスオートメーション（OA：*office automation*），サービス業界などで普及した。

　流通業におけるPOSシステムおよび受発注システム，物流システムでの商品および集合梱包用段ボールへのバーコード印字，宅配便の伝票，図書館，レジャー用チケットなどにおける従来の使い方から，インターネット販売，医療機関におけるインフラとして，バーコードの活用範囲は着実に広がっている。

　バーコード普及の創世記では，各社が独自の内容（コード体系）を表示していたが，汎用性や互換性がなく，企業内の活用にとどまっていた。その後，JANおよびITF-14の表示基準の標準化が進み，製品の製造段階でバーコードの印刷が行われることによって，企業間をまたがって活用されるようになり，経済的，効率的にバーコードの活用が定着した。

　1979年当時，27社だったJAN登録件数は，2009年には117 070社にまで拡大した。

　流通業に限らず，特に国際間にまたがる企業間取引では，業務処理が伝票による取引形態から，オンラインネットワークによる電子商取引に移行しており，企業活動の迅速化および効率化は，EDI（*electronic data interchange*：電子情報交換）によってますます拡大している。

　EDIの構築にはさまざまな基盤整備か必要であるが，情報（データ）が発生した時点で，迅速，正確にデータ入力ができることがキーポイントであり，バーコードは最も基本的なキーとして期待されている。関係する企業が共通に活用できるように，バーコードを標準化して普及を図ることがますます重要になってくる。

　標準流通バーコードは，当初のクローズドな活用から，国際間を含めたオープンな環境で，一貫性のあるトータル情報管理を実現することを狙いとしている。こうした観点から，JAN，インタリーブド2オブ5，コード39，コーダバー，コード128およびGS1データバーがJISとして制定された。

　GS1データバーは，流通，製造，物流，サービス分野における商品関連情報および企業間取引情報をコード番号で体系化したものであり，活用範囲が広

がっている。

特に，流通バーコードとして用いられ，標準化が図られているこれらのコードおよびシンボルについて，次に解説する。

11-1-1 共通商品コード

一般消費財として用いる共通商品コードを，JANコードという。POSシステムで自動読取りのために商品へソースマーキングする用途として，1973年にアメリカで開発されたものがベースになっている。JANコードは，商品輸出にもそのまま利用できる国際的な商品コードである❶。

共通商品コードについて，次の (a)～(d) に記す。

(a) JANコードの体系

JANコード体系には，13桁の標準タイプと8桁の短縮タイプとがある。

JAN-13には，国フラグを含む企業コードが7桁（49nnnnn）および9桁（45nnnnnnn）の二つのバージョンがある。

企業コードが7桁のバージョン（2000年までの申請）では5桁の商品識別番号が，9桁のバージョン（2001年以降の申請）では3桁の商品識別番号が続く。最後の1桁がチェックキャラクタである。

短縮タイプでは，国フラグ（49）を含む企業コードが6桁であり，商品識別コードは1桁である。標準バージョンと同じように，最後の1桁がチェックキャラクタである。

(b) 定期刊行物コード（雑誌）の体系

雑誌などの定期刊行物へのソースマーキングをするコードが，「共通雑誌コード」として標準化されている。コードの中には，フラグコード491，1桁の予備，5桁の雑誌コード，2桁の発行月，1桁の発行年，1桁のチェックキャラクタおよび5桁の追加コードがある。追加コードの中には，1桁の予備，4桁の価格が入っている。なお，雑誌コードは日本国内だけを対象にしている。

(c) 書籍コードの体系

書籍では，ISBN（国際標準図書番号）を基本にした日本図書コードが共通商品コードとして用いられ，これと整合するようにJANシンボルの2段体系として標準化された。

---

❶ただし，JANシンボルにする場合は，シンボル高さ（Y）を正規の高さで印刷しなければならない。

専門編

1) 図書コード

ISBNで始まる国際的な書籍番号と，分類コードおよび価格とを加えたものである。図書コードをバーコード化したものが，書籍JANコードである。また，日本書籍コードは，ISBN978-で始まるコードである。

2) 書籍JANコード

図書コードから二つのバーコードを作る。上段のシンボルは，先頭のフラグが978であり，ISBNコードの9桁を加え，1桁のチェックキャラクタを続けたものである。下段のシンボルは，先頭のフラグが192であり，ISBNコードの図書分類コード4桁，価格5桁を加え，1桁のチェックキャラクタを続けたものである。

(d) 料金支払票のコード体系

1987年から，コンビニエンスストア（CVS）などのPOSシステムの処理で，電気料金，ガス料金，電話料金などの支払いができるように，JANシンボルの3段または4段を用いた支払い帳票が2通り標準化されていた。2007年7月からは，CVSとの合意によって，GS1-128を用いることで統一されている。

11-1-2 物流商品コード

JANシンボルは消費者が購入する単位のシンボルであるのに対し，標準物流シンボルは段ボール箱などの物流単位（集合包装単位）でのソースマーキングである。JANコードに1桁または2桁（2桁の場合，先頭の1桁は常に0を追加して計3桁）の入り数および荷姿を示す物流識別コードを付加し，14桁で表すシンボルである。標準物流シンボルは，JANシンボルを表示した商品がいくつか入った段ボール箱であるかを示したものである。2010年3月からは，16桁バージョンの表示を廃止し，14桁バージョンだけの表示になっている。

表11-1-2に，物流商品コードのインジケータの利用方法を示す。

表 11-1-2　インジケータの利用方法

表示内容	インジケータ
・内箱と外箱を区別する場合 ・同一商品で荷姿が異なる場合など 　（例：シュリンク包装，カートン包装） ・通常品と販促品とを区別する場合	1～8
計量商品（不定貫）に表示する場合	9
集合包装を一つの商品として認識する場合，単品 JAN コードとは異なる JAN コード（商品アイテムコード）を付番することによって識別（不一致形）	0

11-1-3　GS1-128

　標準化されたアプリケーション識別子を用いて，有効期限，ロット番号などの複数の情報を連携することが可能な GS1-128 の利用事例が拡大している。

　GS1-128 は，基本的にどのような業務にも応用できる。例えば，物流分野，商品管理分野，衣料品・家具分野，生鮮 4 品などであり，国内外で多用されている。

[参考文献]

（一財）流通システム開発センター，GS1 システムの基礎

（一財）流通システム開発センター，流通システム化の動向

（公財）食品流通構造改善推進機構，食肉流通の取引電子化導入，活用ガイド

11-2　医療分野のバーコード活用

　ここでは，医療業界でのバーコード活用について解説する。

11-2-1　医薬品，医療機器と標準バーコード

　病院で用いる製品に，標準化されたバーコードを表示することが開始されてから久しい。

　病院で治療行為に用いるものは，医薬品および医療機器である。医薬品は文

専門編

字どおり薬であり，医療機器には幅広い製品があって，大きなものでは病院設備のMRI（磁気共鳴画像）装置など，小さなものでは手術用の針などもある。また，病院で用いる医薬品が約15 000種類であり，医療機器が約30万種類である。

医療関連メーカの比率は，医薬品メーカに比べて医療機器メーカの方が数倍の企業数である。これらのメーカから病院に納入される製品に，標準化されたバーコードを表示することが，2008年から本格的に開始されている。

11-2-2　医療現場の問題

薬害エイズ事件が大きな社会問題になったことがある。この事件では，血液製剤を媒体として，複数の患者にエイズが感染した。対象となった医薬品が，いつ，どの患者に投与されたのか，情報を遡(さかのぼ)るトレーサビリティシステムがなかったため，膨大な手間と時間をかけても，該当する患者の特定が困難であった。この事件がきっかけとなって，該当する医薬品のデータは，10～30年間保持しなければならない義務が発生している。

医薬品および患者を特定するための技術でもあるIT（*information technology*：情報技術）の必要性が検討された結果，医薬品の取り違い，調合ミス，異なる患者への投与などによる危険性もわかってきた。看護師が間違いを起こしそうになる「ひやり」，「はっと」のケースも年間約20万件あり，その内の25％が処方および与薬に関するものであった。

これらの医療安全に関わる問題の他に，病院の健全経営を進めるには，病院内の医薬品，医療機器の正確な在庫管理および有効期限管理が必要である。

11-2-3　医療業界のバーコード

これらの問題解決には，医薬品および医療機器に，業界で標準化されたデータ項目をメーカが積極的にバーコードで表示し，医療現場ではそのバーコードを活用したシステム対応をすることが有効である。

医療機器および医薬品の業界団体がバーコードに関するガイドラインの取組みを進め，いくつかのガイドラインが発行されている。

医療機器メーカの業界団体である医療機器産業連合会[1]（略称：医機連）は，

---

[1] 21団体，約4 280社の傘下企業および140社を越える賛助会員で構成されている。

第11章 バーコード応用事例

平成 11 年に「医療材料商品コード・UCC/EAN 128（現在は GS1-128）標準ガイドライン」を策定し、バーコード表示の取組みを開始した。続いて、平成 20 年に「医療機器等の標準コード運用マニュアル」が発行され、表示対応が進んでいる。

医薬品メーカの団体である日本製薬団体連合会❷（略称：日薬連）は、医薬品工業の発達のために、平成 19 年に「医療用医薬品新コード表示ガイドライン」を作成した。表示するバーコードは、GS1-128 である。小さい製品については、GS1 データバーを表示する。

このコードを制定した GS1 は、グローバルな流通標準化機関である。2005 年、国際 EAN 協会に、米国の流通コード機関の UCC およびカナダの流通コード機関が加盟し、国際 EAN 協会が名実ともにグローバルな流通標準化機関になった。それまでの国際 EAN 協会の名称を GS1 に変更した。それに伴い、UCC/EAN128 と呼ばれていたシンボルが、GS1-128 に名称変更された。

GS1-128 および GS1 データバーで表示するデータ項目は、企業と商品を特定するコードの他に、トレーサビリテイを可能にするためにロット番号（シリアル番号）および有効期限の表示が必要となる。

図 11-2-3 に、GS1-128 シンボルの例を示す。

図 11-2-3　GS1-128 シンボルの例

11-2-4 生物由来製品および特定生物由来製品

医薬品および医療機器で優先的にトレーサビリテイが必要な製品が、生物由来製品および特定由来製品である。生物由来製品とは、馬、豚、牛などから採

---

❷業態別 15 団体、地域別 16 団体から構成されている。

専門編

れた成分を用いた製品である。特定生物由来製品は，人の血液から作られた製品である。これらの製品は，未知の感染性因子を含有している可能性があり，感染因子の不活性化処理にも限界があるため，2003年に薬事法が改正され，これらに該当する製品には，10～30年間メーカ等での記録保管義務が発生した。

ガイドラインによって製品に表示される範が決められ，2009年9月から表示が本格的にスタートした（**表11-2-4**）。その後，2017年に厚生労働省の通知によって「医療用医薬品へのバーコード表示の実施要領」の一部が改正されている。

表11-2-4　医薬品表示ガイドライン

医薬品の種類	調剤包装単位			販売包装単位			元梱包装単位			
	商品コード	有効期限	ロット	商品コード	有効期限	ロット	商品コード	有効期限	ロット	数量
特定生物由来製品	◎	◎	◎	◎	◎	◎	◎	◎	◎	◎
生物由来製品	◎	◎	○	◎	◎	◎	◎	◎	◎	◎
内用薬	◎	○	○	◎	◎	○	◎	◎	○	◎
注射薬	◎	◎	○	◎	◎	◎	◎	◎	◎	◎
外用薬	◎	○	○	◎	◎	○	◎	◎	○	◎

◎：必須表示　　○：任意表示

トレーサビリテイの可能なバーコードを表示した医薬品は，医薬品全体の約3％に限定されている。今後，必要に応じた表示範囲の拡大によって，バーコードの活用度合いが広がる（**図11-2-4**，**写真11-2-4**）。

第 11 章　バーコード応用事例

	総医薬品数	特定生物	生物由来	特生＋生物合計
注射薬	4159	152	361	513
内用薬	10095	0	5	5
外用薬	3196	18	21	39
歯科	94	0	0	0
合計数	17544	170	387	557
％	100	1	2.2	3.2

＊薬価が統一名収載のものでも
　個別銘柄別でカウント
＊但し　アレルゲンを除く

（出典）
日本医薬品ＤＢ2008年4月（じほう）
保険薬事典　追補

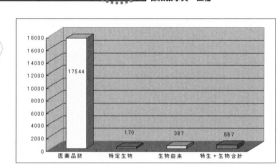

２００８年５月３０日現在
（株）スズケン医療情報室調査

図 11-2-4　生物由来製品と特定生物由来製品の占める割合

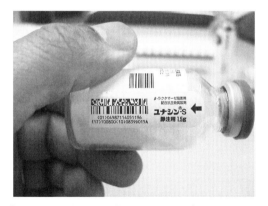

写真 11-2-4　小さな医薬品には GS1 データバーで表示

11-2-5　なぜバーコードが必要なのか

　トレーサビリティを実現するには，IT 化せずに紙で管理する方法もあるが，紙で管理をすると二つの大きな問題が生じる。
　第一の問題は，管理の正確性である。製品に表示された製品番号，ロット番号および有効期限の記載情報を目視で確認して紙に転記すると，間違いが発生

専門編

して危険である。ロット番号には，数字とアルファベットが混在して記されているからである。数字の"0（ゼロ）"とアルファベットの"O（オー）"，数字の"1（いち）"とアルファベットの"I（アイ）"を間違いなく判別することは難しい。1文字でも記載ミスがあれば，トレーサビリテイはそこで途切れてしまう。バーコード化したデータをバーコードリーダで読み取れば，誰でも簡単確実にコンピュータに入力することが可能である。

　第二の問題は，検索の問題である。30年間保管された膨大な量の紙の中から，該当する紙を探し出すのは至難である。膨大な時間と手間がかかる。コンピュータでデータを管理すれば，問題は解決する（図11-2-5）。

図11-2-5　長期間の情報探し

11-2-6　これからの課題

　医薬品および医療機器へのバーコード表示が，関係各位の多大な尽力によってスタートすることができ，医療安全および医療現場の効率化を図るインフラの第一段階がスタートした。しかし，ガイドラインで決められた範囲の製品だけでは，トレーサビリテイおよび有効期限管理の可能な製品は限定されてしまう。継続してトレーサビリテイが必要な製品には，トレーサビリテイが可能な項目のバーコード表示をするように，表示拡大の取組みが必要である。幸いな

ことに先進的メーカでは，ガイドラインの範囲を超えた製品にも，積極的にトレーサビリテイの可能なバーコード表示を進めている。

このことから，表示されたバーコードを医療機関が積極的に活用することによって，医療の安全および効率化の目的が達成される。表示されたバーコードを活用するためには，市場ニーズに合ったソフトウエアおよび機器が不可欠である。

関係企業の市場動向に対応した製品供給が，今後の医療業界のSCM成功の大きなポイントである。

11-3 電子部品分野のバーコード活用

電子部品業界で用いているEDIの仕組みについて解説する。

11-3-1 Dラベル（標準納品荷札）と標準納品書

電子部品業界でEDIを利用し，受注者が発注者に納入するとき，一つの製品の包装容器単位に貼付する，標準化されたラベルをDラベル（標準納品荷札）という（図11-3-1）。Dラベルが貼られた包装容器と同時に添付される伝票を標準納品書といい，これによって納品時の情物一致が簡単になる。

標準納品書のバーコードシンボルについては，発注者の受入部門の業務効率および受注者の発行システムの共用性から，Dラベルのバーコードシンボルと同じである。ただし，2段目シンボルの入り数については，標準納品書への表示を省略する。

標準納品書およびDラベルのバーコードシンボルは，以前はコード39だけであったが，取引の多様化および市場の新たな取引形態に対応するため，マトリックス二次元シンボルが併用できるようになった。

各ラベルは，熱転写式バーコードプリンタ，レーザプリンタなどで印字が可能であり，標準納品書は，A4版用紙を2分割できる297×105 mmのサイズなので，ページプリンタで発行できる。

専門編

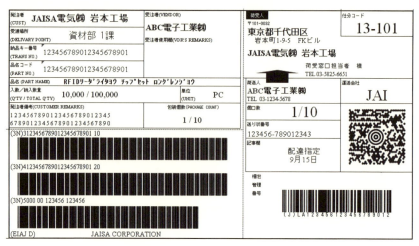

図 11-3-1　D ラベルのイメージ

11-3-2　C-3 ラベル

　C-3 ラベルは，最小包装単位のさまざまな包装形態（原則的には個装）への
バーコード表示に対応するラベルであり，受発注者間で特別な取り決めがなく
ても受注者側でラベル発行ができる。図 11-3-2-1 に，C-3 ラベルの一例を示す。
また，図 11-3-2-2 に，発注および受注間のシステム例を示す。

図 11-3-2-1　C-3 ラベルのイメージ

第11章　バーコード応用事例

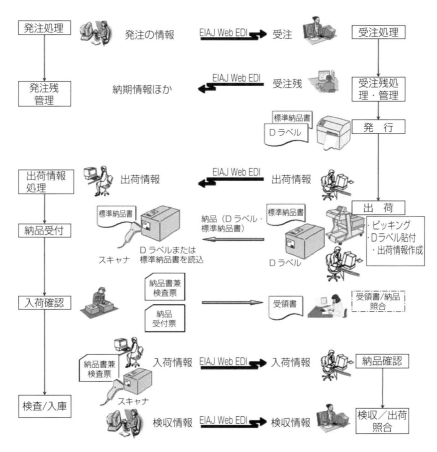

図 11-3-2-2　発注・受注間のシステム例

注　ここでの「ラベル」は，表 4-3 の❺に記したラベルと異なり，裏面に糊が付いていない。むしろ，表 4-3 の「受容紙」に相当する。

専門編

11-4 自動車分野のバーコード活用

ここでは，自動車業界でのバーコードの活用例を解説する。

11-4-1 業界標準

　車両を生産する自動車企業で構成される（一社）日本自動車工業会と，自動車部品を製造する企業で構成される（一社）日本自動車部品工業会との間で，部品納入に用いる帳票類の標準化が行われている。自動車企業と部品の一次サプライヤーとの間の受発注は電子商取引（EDI）で行われているが，自動車企業と部品の二次サプライヤーおよび三次サプライヤーとの間では伝票類が用いられている。自動車部品はいろいろな形態で納入されるが，基本的には多数個入りの専用容器が用いられる場合が多い。帳票類の標準化は，3種類のタイプに分類できる。3種類とは，納入単位ごとの納品書および受領書，納入する部品の専用容器ごとに添付する現品票，現品票と工程指示書の機能をもつ「かんばん」である。また，標準化はガイドラインとして発行されているが，このガイドラインでの帳票類は A4 版サイズを基本にし，専用プリンタはもちろん，汎用的なページプリンタでの作成発行もできるようになっている。

11-4-2 納品書と受領書

　自動車部品企業は，自動車企業からの発注に基づいて，部品納入時に，納入単位ごと，または納入品ごと（自動車企業によって差がある）に納品書とその納品の受領証明である受領書とを提出する。したがって，納品書／受領書は，運用に合わせて多品一葉方式（図 11-4-2-1）と一品一葉方式（図 11-4-2-2）とが用意されている。納品が受け入れられると，受領書が返却される。納品書と受領書とはセットになっており，同じ内容が記載されている。

第11章 バーコード応用事例

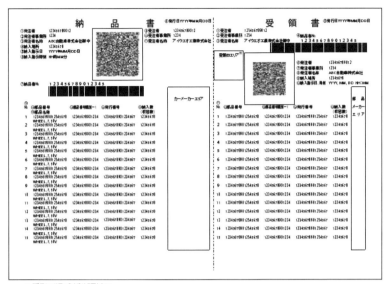

図 11-4-2-1　納品書／受領書の例（多品一葉方式）

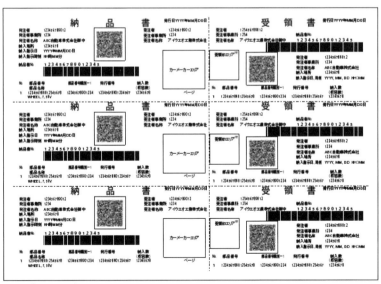

図 11-4-2-2　納品書／受領所の例（一品一葉方式）

11-4-3 現品票

　自動車部品は，基本的に多数個入りの専用容器が用いられる。専用の容器は，通常，「通い箱」と呼ばれるものが多いが，部品によってはコンテナと呼ばれる大形輸送容器を用いる場合もある。自動車部品の輸送容器は，部品ごとに専用化され，入り数が決まっている。指定容器以外での輸送は禁止されており，自動車企業は指定容器以外の容器では受け取らない。容器は通常，介材と呼ばれる仕切りを含み，この介材によって輸送時の品質保証を行っている。この容器ごとに添付されるのが現品票である。当然，現品票で示される部品総数と納品書に記載された部品総数とは合致する。したがって，現品票と納品書／受領書とはセットで運用する。現品票は，その輸送容器のサイズに合わせてSS-S-M-Lが設定されている（図11-4-3-1，図11-4-3-2）。

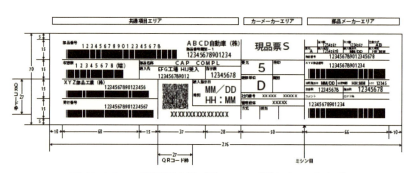

図11-4-3-1　現品票の例（サーマルプリンタSサイズ）

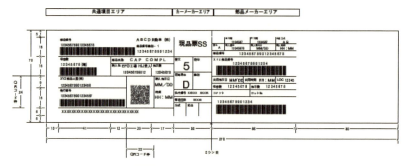

図11-4-3-2　現品票の例（サーマルプリンタSSサイズ）

11-4-4　かんばん

自動車業界特有のシステムとして,「かんばん」システムがある(**図 11-4-4**)。かんばんは,ジャストインタイム(JIT：*just in time*)を実現する重要なツールである。JIT とは,必要なものを,必要なときに,必要な量を作るということである。納品書／受領書と現品票とを用いる代わりに,かんばんを用いることができる。かんばんを用いる場合,納品書／受領書がないため,基本的に100% 良品であることが前提になっている。したがって,納入指示,検収方法,納入数量把握などの綿密な取り決めが必要である。

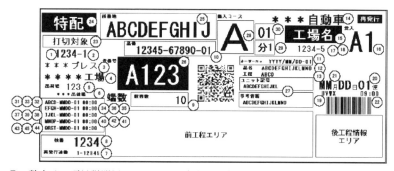

○の数字は,項目説明用 No. のため,実際には印字しない。

図 11-4-4　かんばんの例

参考情報

参考1 引用および参考規格

	JIS 番号	規格タイトル（要約）	対応国際規格
用語	X 0500-1	自動認識及びデータ取得技術－用語－第1部：一般	ISO/IEC 19762
	X 0500-2	自動認識及びデータ取得技術－用語－第2部：光学的読取媒体	
データキャリア規格 / 一次元シンボル	X 0502	物流商品コード用バーコードシンボル	なし
	X 0503	バーコードシンボル体系仕様－コード39	ISO/IEC 16388
	X 0504	バーコードシンボル体系仕様－コード128	ISO/IEC 15417
	X 0505	バーコードシンボル体系仕様－インタリーブド2オブ5	ISO/IEC 16390
	X 0506	バーコードシンボル－コーダバー（NW-7）－基本仕様	なし
	X 0507	バーコードシンボル－EAN/UPC－基本仕様	ISO/IEC 15420
	X 0509	バーコードシンボル体系仕様－GS1データバー	ISO/IEC 24724
データキャリア規格 / 二次元シンボル	X 0508	バーコードシンボル体系仕様－PDF417	ISO/IEC 15438
	X 0510	バーコードシンボル体系仕様－QRコード	ISO/IEC 18004
	X 0512	バーコードシンボル体系仕様－データマトリックス	ISO/IEC 16022
	なし	バーコードシンボル体系仕様－MaxiCode	ISO/IEC 16023
	なし	バーコードシンボル体系仕様－Han Xin Code（H30.3 審議中）	ISO/IEC 20830
	なし	バーコードシンボル体系仕様－GS1 composite	ISO/IEC 24723
	なし	バーコードシンボル体系仕様－MicroPDF417	ISO/IEC 24728
	なし	バーコードシンボル体系仕様－Aztec	ISO/IEC 24778
バーコード関連規格 / 試験及び評価仕様	X 0520	バーコードシンボル印刷品質評価仕様－一次元シンボル	ISO/IEC 15416
	X 0526	バーコードシンボル印刷品質評価仕様－二次元シンボル	ISO/IEC 15415
	X 0521-1	バーコード検証器の適合仕様－第1部：一次元シンボル	ISO/IEC 15426-1
	なし	バーコード検証器の適合仕様－第2部：二次元シンボル	ISO/IEC 15426-2
	X 0522-1	バーコードリーダの性能試験方法－第1部：一次元シンボル	ISO/IEC 15423
	X 0523	バーコードのディジタル方式画像化及び印刷性能試験	ISO/IEC 15419
	X 0524	バーコードマスタ試験仕様	ISO/IEC 15421
	X 0525	リライタブルハイブリッドメディアの評価仕様	ISO/IEC 29133
	X 0527	バーコードプリンタ及びバーコードリーダの性能試験仕様	なし（検討中）

	JIS 番号	規格タイトル（要約）	対応国際規格
バーコード関連規格 / その他	なし	ダイレクトパーツマーキングのためのガイドライン	ISO/IEC TR24720
	なし	DPM の品質ガイドライン（TR ⇒ IS 審議中）	ISO/IEC TR29158
	なし	基材の不透明性及び光沢がバーコード読取に与える影響	ISO/IEC TR19782
	なし	画像識別用英数字セット－第2部：OCR-B－形状及び寸法	ISO/IEC 1073-2
	なし	OCR 品質試験	ISO/IEC 30116
バーコード関連規格 / ロジスティクス	X 0515	出荷，輸送，荷受用ラベルの一次元シンボル及び二次元シンボル	ISO 15394
	X 0516	製品包装用1次元シンボル及び2次元シンボル	ISO 22742
	X 0530	データキャリア識別子（シンボル体系仕様を含む）	ISO/IEC 15424
	X 0531	GS1 アプリケーション識別子，ASC MH10 データ識別子の管理	ISO/IEC 15418
	X 0532-1	固有の輸送単位識別子－第1部：個別輸送ユニット	ISO/IEC 15459-1
	X 0532-2	固有の輸送単位識別子－第2部：登録手順	ISO/IEC 15459-2
	X 0532-3	固有の輸送単位識別子－第3部：共通規則	ISO/IEC 15459-3
	X 0532-4	固有の輸送単位識別子－第4部：個別製品及び製品パッケージ	ISO/IEC 15459-4
	X 0532-5	固有の輸送単位識別子－第5部：個別返送可能輸送アイテム	ISO/IEC 15459-5
	X 0532-6	固有の輸送単位識別子－第6部：グループ分け	ISO/IEC 15459-6
	X 0533	大容量自動認識情報媒体のための転送構文	ISO/IEC 15434

＊新規作業アイテムとして登録され，審議中の規格も含んでいる。

参考2 関連団体

1 国内関連団体

JISC（Japanese Industrial Standards Commitee）
　日本工業標準調査会
　http://www.jisc.go.jp/

JSA（Japanese Standards Association）
　（一財）日本規格協会
　https://www.jsa.or.jp/

DSRI（Distribution Systems Research Institute）
　（一財）流通システム開発センター
　http://www.dsri.jp/

IPSJ/ITSCJ（Information Processing Society of Japan/Information Technology Standards Commission of Japan）
　（一社）情報処理学会／情報規格調査会
　https://www.itscj.ipsj.or.jp/

JEITA（Japan Electronics and Information Technology Industries Association）
　（一社）電子情報技術産業協会
　https://www.jeita.or.jp/

JIPDEC
　（一財）日本情報経済社会推進協会
　https://www.jipdec.or.jp/

JASTPRO（Japan Association for Simplification of International Trade Procedures）
　（一財）日本貿易関係手続簡易化協会
　http://www.jastpro.org/

JILS（Japan Institute of Logistics Systems）
　（公社）日本ロジスティクスシステム協会
　http://www.logistics.or.jp/

JAMA（Japan Automobile Manufacturers Association, Inc.）
　（一社）日本自動車工業会
　http：//www.jama.or.jp/
JAPIA（Japan Auto Parts Industries Association）
　（一社）日本自動車部品工業会
　http：//www.japia.or.jp/
SEMI Japan（Semiconductor Equipment and Materials International Japan）
　SEMI ジャパン
　http：//www.semi.org/jp/
JTA（Japan Trucking Association）
　（公社）全日本トラック協会
　http：//www.jta.or.jp/
JPI（Japan Packaging Institute）
　（公社）日本包装技術協会
　http：//www.jpi.or.jp/

2　海外関連団体

ISO（International Organization for Standardization）
　国際標準化機構
　https：//www.iso.org/
IEC（International Electrotechnical Commission）
　国際電気標準会議
　http：//www.iec.ch/
ISO/IEC JTC 1（ISO/IEC Joint Technical Committee 1）
　Information Technology
　ISO と IEC のジョイント委員会
　https://www.iso.org/isoiec-jtc-1.html
ISO/IEC JTC1 SC31（ISO/IEC JTC1 Sub Committee 31）
　Automatic Identification and Data Capture Techniques
　ISO と IEC のジョイント委員会の自動認識及びデータ取得技術に関するサブ委員会

https://www.iso.org/committee/45332.html
ISO TC104（ISO Technical Committee 104）
　　TC104：Freight Containers
　　ISOの貨物コンテナに関する委員会
　　https://www.iso.org/committee/51156.html
ISO TC122（ISO Technical Committee 122）
　　TC122：Packaging
　　ISOの包装に関する委員会
　　https://www.iso.org/committee/52040.html
IEC TC91（IEC Technical Committee 91）
　　TC91；Surface Mounting Technology
　　IECの電子部品の表面実装技術に関するサブ委員会
　　http：//www.iec.ch/tc.91
UPU（Universal Postal Union）
　　万国郵便連合
　　http：//www.upu.int/
AIM（Advancing Identification Matters）
　　自動認識工業会
　　http：//www.aimglobal.org/
GS1
　　https：//www.gs1.org/
AIAG（Automotive Industry Action Group）
　　米国自動車工業会アクショングループ
　　https：//www.aiag.org/
ODETTE（Organization for Data Exchange and Tele Transmission In Europe）
　　（欧州自動車業界の標準化推進団体）
　　https：//www.odette.org/
ECIA（Electronic Components Industry Association）
　　米国電子部品産業協会
　　https://www.ecianow.org/

EDIFICE（EDI Forum for Companies with Interest in Computing and Electronic）
　（欧州電子部品製造業とコンピュータ製造業が参加している EDI グループ）
　http：//www.edifice.org/
IATA（International Air Transport Association）
　国際航空貨物協会
　http：//www.iata.org/

索引

あ行

- アズテックコード･･････････････53, 114, 142
- 位相遅延法, 位相反転法･････････････209, 211
- 一次元シンボル印字品質評価仕様･･････････174
- 一次元シンボル体系･････････7, 10, 18, 38, 108
- 一次元シンボル用印字品質試験仕様･･･････178
- 一次元シンボル用検証器適合仕様･･･････････191
- インク･･･････････････････････････59, 150
- インクジェット式プリンタ･････････････62, 157
- インクジェットマーキング･････････････････169
- インクリボン･････････････････････58, 149
- 印字品質総合グレード･････････････185, 190
- 印字品質評価･･････････････････････175
- インタリーブド2オブ5･･････19, 82, 93, 96, 101
- インタフェース･･･････････････66, 76, 218
- インパクト式プリンタ･････････････････149
- 円圧方式････････････････････････････163
- 凹版印刷（グラビア印刷）･･････････････162

か行

- 可逆圧縮, 非可逆圧縮････････････････112, 114
- 感圧紙･･･････････････････････････58, 149
- 感熱紙･････････････････････････････60
- 感熱式プリンタ･･････････････････････61, 154
- かんばん････････････････････････････241
- キーボード割込み･･･････････････････219
- 機能設定･･････････････････････････220
- 共通商品コード･･････････････････････227
- 現品票･･････････････････････････････240
- 固定閾値法････････････････････････208
- 固定式リーダ････････････････････････75
- 孔版印刷（スクリーン印刷）･･････････････163
- コーダバー･･････････････24, 87, 94, 97, 102
- コード128･･･････････････26, 88, 94, 98, 102, 106
- コード39･･･････････････････22, 83, 94, 96, 101
- コードセットキャラクタ･･････････････････107
- コンパクトPDF417･････････････････････120

さ行

- サーマルジェット方式････････････････158
- サーマルプリントヘッド････････････････151
- サーマルマーキング･･･････････････････171
- 最小エッジコントラスト････････････････182
- 最小印字分解能･････････････････65, 66, 164
- 最小反射率･･････････････････････････182
- 最大印字速度･･････････････････････65, 165
- 柵状走査････････････････････････････203
- 紫外線･････････････････････････････198
- 自動認識技術･････････････････････････2
- シフトキャラクタ･････････････････････107
- 受光素子･･････････････････････････73, 206
- 受容紙･････････････････････････････66
- 照明光･････････････････････････････175
- 照明光源･････････････････････････72, 196
- 商用印刷（ソースマーキング）･････････････162
- 書籍コード･･････････････････････････227
- シングルライン･･････････････････････204
- シンボルコントラスト････････････････183, 189
- シンボルチェックキャラクタ･･･････････････95
- 性能評価仕様････････････････････････222
- 赤外線･････････････････････････････198
- 走査･････････････････････････････72, 201
- 測定開口径･････････････････････････176
- 測定領域･･･････････････････････････179

た行

- ダイレクトマーキング････････････60, 165, 190
- データキャリア･･･････････････････3, 4, 42
- データマトリックス････････････････50, 113, 126
- 手持ち式リーダ･･･････････････････････74
- 図書コード･･････････････････････････228
- 中間点閾値法･･･････････････････････209
- 直流分閾値法･･･････････････････････210
- 定期刊行物コード･････････････････････227
- 定置式リーダ････････････････････････75
- 電子ペーパ･････････････････････････60
- 電子写真式プリンタ･･････････････････62, 158
- 特殊記号（ルーン）･･･････････････････144
- トナー･･････････････････････････60, 151
- ドットインパクトマーキング･････････････168

凸版印刷（フレキソ印刷）・・・・・・・・・・・・・・・・ 162

な 行

二次元シンボル印字品質評価仕様・・・・・・・ 186
二次元シンボル体系・・・・・・・・・・・ 12, 14, 46, 54
二次元シンボル用検証器適合仕様・・・・・ 192
熱転写式プリンタ・・・・・・・・・・・・・・・・・ 61, 155
納品書と受領書・・・・・・・・・・・・・・・・・・・・・ 238

は 行

バーコード・・・・・・・・・・・・・・・・・・・・ 6, 71, 148
バーコード印字品質・・・・・・・・・・・ 64, 65, 174
バーコードシステムの信頼性・・・・・・・・・・ 108
バーコードソースマーキング・・・・・・・・・・・ 63
バーコードプリンタ・・・・・・・・・・・・ 58, 65, 151
バーコードマスタ（フィルムマスタ）・・・・・・ 160
バーコードリーダ・・・・・・・ 70, 74, 76, 77, 196, 214
梯子状走査・・・・・・・・・・・・・・・・・・・・・・・・・ 203
発色・・・・・・・・・・・・・・・・・・・・・・・・・・・・・・・ 149
ピエゾ方式・・・・・・・・・・・・・・・・・・・・・・・・・ 157
ファインダパターン・・・・・・・・・・・・・・・ 47, 145
ファンクションキャラクタ・・・・・・・・・・・・・ 107
符号化可能キャラクタ・・・・・・・・・・・・・・・・ 82
復号・・・・・・・・・・・・・・・・・・・・ 184, 185, 188
復号アルゴリズム・・・・・・・・・・・・・・・・ 74, 101
物流商品コード・・・・・・・・・・・・・・・・・・・・ 228
プリンタ印字性能評価仕様・・・・・・・・・・・・ 164
平圧方式・・・・・・・・・・・・・・・・・・・・・・・・・・ 163
平版印刷（オフセット印刷）・・・・・・・・・・・・ 163
ペン式リーダ・・・・・・・・・・・・・・・・・・・ 74, 215
変換点抽出法・・・・・・・・・・・・・・・・・・・・・・ 210

ま 行

マイクロ PDF417・・・・・・・・・・・・・ 48, 117, 122
マイクロ QR コード・・・・・・・・・・・・ 52, 137, 140
マキシコード・・・・・・・・・・・・・・・・ 51, 113, 133
マクロ PDF417・・・・・・・・・・・・・・・・・・・・ 121
マトリックスシンボル体系・・・・・・・ 50, 187, 193
マルチローシンボル体系・・・・・・・・ 48, 186, 192
モジュロ 16・・・・・・・・・・・・・・・・・・・・・・・・・ 97
モバイル二次元シンボル・・・・・・・・・・・・・・ 60

ら，わ 行

ラスタスキャン・・・・・・・・・・・・・・・・・・・・・ 205
料金支払票・・・・・・・・・・・・・・・・・・・・・・・・ 228
輪転方式・・・・・・・・・・・・・・・・・・・・・・・・・・ 164
レーザ・・・・・・・・・・・・・・・・・・・ 166, 198, 217
ワンドエミュレーション・・・・・・・・・・・・・・ 220

英数字

A/D 変換・・・・・・・・・・・・・・・・・・・・・ 177, 208
AIDC・・・・・・・・・・・・・・・・・・・・・・・・・・・・・・・ 2
C-3 ラベル・・・・・・・・・・・・・・・・・・・・・・・・ 236
CC-A, CC-B, CC-C・・・・・・・・ 49, 50, 125, 126
CCD 式リーダ・・・・・・・・・・・・・・・・・・・・・ 216
D ラベル（標準納品荷札）・・・・・・・・・・・・・ 235
EAN/UPC・・・・・・・・・・・・・ 28, 92, 94, 99, 103
ECC200・・・・・・・・・・・・・・・・・・・・・ 127, 129
ECI・・・・・・・・・・・・・・・・・・・・・・・・・・・・・ 129
GS1 データバー・・・・・・・・・・ 33, 93, 95, 100, 105
GS1 合成シンボル・・・・・・・・・・・・・・・ 49, 123
GS1-128・・・・・・・・・・・・・・・・・・・・・ 125, 229
JAN-8, JAN-13・・・・・・・・・・・・・・・・・ 28, 29
JAN コード・・・・・・・・・・・・・・・・・・・・・・・ 227
JIS X 0522-1・・・・・・・・・・・・・・・・・・・・・ 222
JIS X 0527・・・・・・・・・・・・・・・・・・・・・・・ 224
LED（発光ダイオード）・・・・・・・・・・・・・・・ 197
NW-7・・・・・・・・・・・・・・・・・・・・・・・・・・・・ 24
OCIA・・・・・・・・・・・・・・・・・・・・・・・・・・・ 219
PDF417・・・・・・・・・・・・・・・・・ 48, 113, 117
QR コード・・・・・・・・・・・・・・・・ 52, 113, 137
RS-232C・・・・・・・・・・・・・・・・・・・・・・・・ 218
RS-422/RS-485・・・・・・・・・・・・・・・・・・・ 218
TTL/C-MOS シリアル・・・・・・・・・・・・・・ 219
UPC-A, UPC-E・・・・・・・・・・・・・・・・・ 29, 30
USB-HID・・・・・・・・・・・・・・・・・・・・・・・ 219
7DR, 7DSR・・・・・・・・・・・・・・・・・・・・・・・ 98
9DR, 9DSR・・・・・・・・・・・・・・・・・・・・・・・ 98

<編者紹介>

一般社団法人 日本自動認識システム協会

自動認識技術及びデータ取得技術（バーコード，RFID，生体認証，マシンビジョンなどのデータを機械で読み書きする技術）に関連する製品，ソフトウェアなどの普及，及び標準規格化を行う団体である．

［所在地］　〒101-0032　東京都千代田区岩本町1-9-5（FK ビル）
　　　　　　電話 03-5825-6651，FAX 03-5825-6653
　　　　　　URL http：//www.jaisa.jp/

- 本書の内容に関する質問は，オーム社ホームページの「サポート」から，「お問合せ」の「書籍に関するお問合せ」をご参照いただくか，または書状にてオーム社編集局宛にお願いします．お受けできる質問は本書で紹介した内容に限らせていただきます．なお，電話での質問にはお答えできませんので，あらかじめご了承ください．
- 万一，落丁・乱丁の場合は，送料当社負担でお取替えいたします．当社販売課宛にお送りください．
- 本書の一部の複写複製を希望される場合は，本書扉裏を参照してください．

JCOPY <出版者著作権管理機構 委託出版物>

よくわかるバーコード・二次元シンボル（改訂2版）

2010 年 5 月 15 日　　第 1 版第 1 刷発行
2019 年 4 月 3 日　　改訂 2 版第 1 刷発行
2025 年 6 月 10 日　　改訂 2 版第 5 刷発行

編　　者　一般社団法人 日本自動認識システム協会
発 行 者　髙 田 光 明
発 行 所　株式会社 オ ー ム 社
　　　　　郵便番号　101-8460
　　　　　東京都千代田区神田錦町3-1
　　　　　電話 03(3233)0641(代表)
　　　　　URL https://www.ohmsha.co.jp/

© 一般社団法人 日本自動認識システム協会 2019

印刷・製本　報 光 社
ISBN 978-4-274-50688-8　Printed in Japan

よくわかる RFID（改訂2版）
― 電子タグのすべて ―

一般社団法人
日本自動認識システム協会 編

A5・248頁

RFID（Radio Frequency Identification）とは、電波を用いて非接触によりデータの読み取り、書き込みなどができるもので、FAや物流などで効率化を図ることができる技術である。本書は、RFIDの原理や特徴、標準化の動向、アプリケーション、応用例など、RFIDを導入するにあたって知っておきたい事項について収録してある。また、RFID 新周波数帯に対応した内容となっている。

〔主要目次〕RFIDとは／RFIDの基礎用語／RFIDの原理と特徴／RFタグ／リーダ・ライタ／電波法とその他の法規・規格／使用上の留意点と活用法／RFID国際標準化の動向／RFIDのアプリケーションの標準化の動向／RFIDの応用例

よくわかる バイオメトリクスの基礎

社団法人
日本自動認識システム協会 編

A5・256頁

バイオメトリクスは、大きな成長産業として、多方面で注目されており、各企業の取り組むビジネスの必要性・姿勢が見られる。本書は、このような状況に鑑み、技術的内容に走らず、多くの読者（メーカ・ユーザ）の理解を深める実務的な内容構成である。特に、基礎知識はていねいにわかりやすい内容とし、具体的活用の方法は基礎知識の理解を深めている。

〔主要目次〕バイオメトリック技術と本人認証／バイオメトリック技術／バイオメトリック認証モデル／データおよびプログラムインタフェース／認証精度とその測定方法／バイオメトリック技術の標準化の動向／プライバシーとバイオメトリクス／新しい技術の開発／応用事例／市場の動向／用語および関係サイト

もっと詳しい情報をお届けできます。
◎書店に商品がない場合または直接ご注文の場合は右記宛にご連絡ください。

ホームページ https://www.ohmsha.co.jp
TEL/FAX TEL.03-3233-0643 FAX.03-3233-3440